基于 TWI 的配电网专业实训课程设计研究

国网冀北电力有限公司智能配电网中心 编

燕山大学出版社
·秦皇岛·

图书在版编目(CIP)数据

基于TWI的配电网专业实训课程设计研究/国网冀北电力有限公司智能配电网中心编. —秦皇岛:燕山大学出版社,2022.5
ISBN 978-7-5761-0153-9

Ⅰ.①基… Ⅱ.①国… Ⅲ.①配电系统—生产管理—课程设计—研究 Ⅳ.①TM727

中国版本图书馆CIP数据核字(2022)第064720号

基于TWI的配电网专业实训课程设计研究
国网冀北电力有限公司智能配电网中心　编

出 版 人:陈　玉	
责任编辑:孙志强	策划编辑:孙志强
责任印制:吴　波	封面设计:刘韦希
出版发行:燕山大学出版社	地　　址:河北省秦皇岛市河北大街西段438号
邮政编码:066004	电　　话:0335-8387555
印　　刷:英格拉姆印刷(固安)有限公司	经　　销:全国新华书店
尺　　寸:170 mm×240 mm　16开	印　　张:15
版　　次:2022年5月第1版	印　　次:2022年5月第1次印刷
书　　号:ISBN 978-7-5761-0153-9	字　　数:260千字
定　　价:59.00元	

版权所有　侵权必究
如发生印刷、装订质量问题,读者可与出版社联系调换
联系电话:0335-8387718

编 委 会

主 任 刘亚新
委 员 李振军　刘洪斌　曹轶洋　杜　宝　张润学　栾　飞
　　　　 张振强　许　鹏　刘　珅
主 编 董 杰
副主编 李　省　黄　尊　王　楠　康　帅
编 写 黄赟鹏　陈志敏　杨小龙　孟欣欣　丛晓青　孔乾坤
　　　　 马彩光　沙凯旋　杨筱蕊　汪　琪　黄　浩　魏玛先
　　　　 代　鑫

前　言

拥有一本好书,等于结识一个忠诚的朋友、一个无私的老师,甚至一个灵魂的伴侣。而当我们遇到某一个专业性的复杂难题,往往需要查阅多本专业的书籍。但在追求专业的道路上,往往会存在一个误区:当我们过度研究专业问题时,往往会忽略基础知识体系的规律。授之以鱼,不如授之以渔。在配电网专业领域,管理者如何整合人才培养、专业发展、培训实施三大核心要素?执行者对配电网专业难题如何想清楚、说明白、做到位,助力职业到专业的蜕变?

看到这里,你可能会想问,这本书是讲什么的呢?

不要着急,先给你讲一个故事。

在美丽的北戴河海滨,有一家单位——国网冀北电力有限公司智能配电网中心(北戴河供电保障指挥中心)(以下简称"中心"),是国家系统内首家配电网专业机构,于2018年1月10日揭牌成立。中心围绕国网冀北电力有限公司的新时代能源发展愿景,把建设具有品牌价值的智能配电网,提供卓越的技术服务和坚强的业务支撑作为工作目标。

成立以来,中心的改革发展得到了很多支持,来自全国多所"985"高校硕士研究生,加上转型的"老"员工,这些人汇聚在一起开启了新的建设。

有目标,有方向,有挑战。整个过程中,面临很多的问题,对于新入职的毕业生,他们是一片白纸,未来拥有无限可能,但最开始却不知道怎么开始工作,对于转岗和转型的员工,他们有良好的职业素养,热情高涨,但对于新的业务,需要很多探索,也是"白手起家"。中心为提高员工的配电网专业能力水平和工作技能,开展了多种多样的培训。

供电保障指挥部自2018年引入TWI精益化管理,学习相关案例,融会贯通制作了适合本部门的作业标准书,从简单的指挥系统使用,到复杂的日常管理工作(可详见本书第八章),通过这些表格工具,开展新员工实训,取得了不菲的成绩。现在,部门有成长为配电网运行管理的大专工,直接对接省公司和同级单位开展工作,并兼具其他工作职责,分担管理任务。同时,这种培训管理模式获得2020年电力行业质量创新成果大赛二等奖。后续在中心推广应用,亦培养了一批快速掌握工作方法的员工,是中心配电网人才培养的重要举措。

基于从实践中获得的良好成果和积累的成功经验,特组织编写本书,一群年轻人复盘总结,记录了从尝试开始的点点滴滴、思想理念的引进(第二篇章)、实训课程的开发(第三篇章),到课程表格案例及评价机制(第四篇章),希望读者可以从中有所收获。

这本书可以帮助你什么呢?

它是一个案例,如果你想快速掌握一些技能,它是配电网领域的"新工作"到"熟练工"这个过程的浓缩,引发你的共鸣。

它是一个工具,具有一些模块化的方法,可以帮助你梳理工作,改善工作流程,也可以帮助你掌握新的工作技巧,让你有信心开始新的探索。

它是一本指南,具有广泛的适用性,如果你是培训行业的从业者,可以按照这个方法做一些尝试,会有意想不到的效果。

如果有新的实训需求,本书还会不断更正改进,补充完善。最后,本书虽然经过审批,但由于编写时间仓促,编者水平有限,疏漏和不足之处在所难免,恳请专家和读者批评指正,以便修订时完善。

目 录

第一篇 课程设计背景 ·· 1

第一章 配电网行业背景 ·· 2
第一节 配电网行业发展及面临的挑战 ······························ 2
第二节 配电网领域人才培养需求 ····································· 3

第二章 配电网领域人才的培养历程 ································· 5
第一节 企业常用培训方法 ·· 5
第二节 培训成效对比 ·· 13
第三节 改进培训方式的新思路 ······································· 13

第二篇 课程设计思想 ·· 15

第三章 TWI 理念概述 ··· 16
第一节 TWI 的起源与发展 ··· 16
第二节 TWI 的理念与定位 ··· 17
第三节 TWI 的概念 ··· 19

第四章 TWI 的应用实践 ··· 23
第一节 美国的 TWI 训练体制 ·· 23
第二节 日本的 TWI 训练体制 ·· 25
第三节 中国的 TWI 应用 ··· 30

第三篇 课程设计内容 ·· 41

第五章 TWI 课程体系建设 ·· 42
第一节 实训体系的建设目标 ·· 42
第二节 实训体系的实现方式 ·· 42
第三节 实训优势和体系升级 ·· 44

第六章 TWI 课程设计实例 ·· 45
第一节 课程设计过程 ·· 45
第二节 课程实训安排 ·· 74

第七章　TWI 课程实训师定位 ·················· 80
　　第一节　实训师角色认知 ························ 80
　　第二节　实训师 TWI 技能 ······················· 81
　　第三节　实训师通用能力 ························ 86

第四篇　配电网实训课程 ····························· 93
　第八章　配电网实训课程实例 ····················· 94
　　第一节　实训课程设计原则 ····················· 94
　　第二节　作业标准书制作指南 ··················· 95
　　第三节　课程实训效果评测机制 ················· 99
　第九章　配电网实训课程作业标准书示范 ·········· 122

参考资料 ··· 205
附录 ··· 207
　附录1　实训师 TWI 技能 ························ 207
　附录2　实训师基础技能 ························ 210
　附录3　TWI 技能工具箱 ························· 221
后记 ··· 231

第一篇　课程设计背景

- 配电网行业背景
- 配电网领域人才的培养历程

第一章 配电网行业背景

配电网直接面向终端用户，是服务民生的重要公共基础设施，也是保证供电质量、提高电网运行效率、创新用户服务的关键环节。配电网的含义是自输电网或是地区的电厂接收电能，利用配电设施直接分配到户或者是根据电压一级一级地将电能分配给各类用户的电网。它由架空线及电缆、电线杆、配电变压器、隔离开关、无功功率补偿控制器和一些辅助设施组成，在电力网的电能分配中起着重要作用。从性质方面来说，配电网的设备也包含变电站的一些配电装置。由降压配电变电站(高压配电变电站)输出到用户端的电力系统的这一部分被叫作配电系统。配电系统是由各种配电设备(或组件)和配电设施组成的电力网络系统转换电压并将电力直接分配给最终用户。

第一节 配电网行业发展及面临的挑战

2020年3月，国家电网有限公司党组以习近平新时代中国特色社会主义思想为指导，研究提出了"建设具有中国特色国际领先的能源互联网企业"的战略目标。6月15日，国家电网有限公司举办"数字新基建"重点建设任务发布会暨云签约仪式，发布"数字新基建"十大重点建设任务，重点聚焦大数据、工业互联网、5G、人工智能等先进技术在电网上的广泛深度融合应用，实现"源网荷储"协调互动，保障个性化、综合化、智慧化服务需求。2021年3月，国网公司发布"碳达峰、碳中和"行动方案，在助力国家能源清洁低碳转型中担当作为，"大云物移智链碳"等先进技术的应用，必将加快电力系统产业的转型升级，形成众多新业态、新模式，构建绿色、低碳、循环的电网发展新格局。

新的要求为配电网的发展带来新的机遇和挑战。现代配电网是"源网荷储"互动的智能网，需要建设坚强高效的网架结构，配置高可靠性的通信网络，具备灵活自适应故障处理的功能。近年来，国网公司持续加大配电网建设改造力度，大力开展配电网可靠性提升专项行动，配电网建设有了长足的发展。但受历史欠账多、网架薄弱等影响，仍然存在容载比整体偏低、线路和台区重过载数量较多等问题。

新的任务为配电网技术创新提供了新业态。配电网强则电力强，分布式能源快速发展，人工智能深度应用，区块链商业化进程全面加速，配电网革命正在孕育中，"大云物移智链碳"等先进技术融合应用推动能源变革，在供电保障、智慧用能等方面实现能源互通互济，用户友好互联，全面提升配电网数字化、智能化、平台化水平，推动传统服务向个性化、定制化服务拓展，单一服务向综合服务拓展。需要加快推进大数据、云平台、智慧物联、区块链、碳中和等先进技术研发、应用、推广，培育发展新动能，更大幅度提质增效，更大幅度聚焦核心业务，更大幅度延伸价值链，提升发展质量，提升效益水平，迈入产学研用新征程。

新的形势为配电网专业队伍建设提供了新的平台。抓住新机遇，迎接新挑战，需要尽快打造一支综合素质高、专业技能强、各项作风硬的配电网专业队伍。不仅要做好配电网专业管理支撑、科技研发、先进技术推广，更要加强技术合作和专业交流，吸引系统内外有影响力的专家人才，聚合公司内的专业人才，成为专业队伍建设的新平台。需要尽快融入公司新型智库体系建设的征程中，加快建设配电专业技术协作网，加快建立与科研院校的合作机制，形成以外带内、以用促研、以老带新的专业队伍建设新思路。

配电网专业需要尽快打造一支综合素质高、专业技能强、各项作风硬的配电网专业队伍，本书结合人才培养体系，从配电网的专业需求、人员能力需求入手，打造TWI实训课程，形成培养配电网领域专业人才的典型经验和高效的人才培养办法。

第二节　配电网领域人才培养需求

"以识才的慧眼、爱才的诚意、用才的胆识、容才的雅量、聚才的良方，把党内和党外、国内和国外各方面优秀人才集聚到党和人民的伟大奋斗中来。"党的十八大以来，关于如何识才、爱才、育才、用才，以及人才工作体制机制改革等问题，习近平总书记提出了一系列新思想、新要求。

目前企业间的竞争已由产业技术含量和管理水平的竞争演变成人才的竞争，人才成了应对国际、国内市场激烈竞争，实现企业战略目标和持续发展的首要资源。就企业而言，要生存、要发展，必须吸引一批优秀人才，用好、培养好现有人才。因此，在现代企业管理下，盘活现有人才，实施人才经营战略，减少人才管理风险是十分重要的工作。

企业在开展人才建设的过程中,以当前自身建设中所存在的不足为出发点,通过制定相应的人才建设规划、完善人才培养机制以及完善企业内部激励机制等措施,来进行人才建设、提升企业的竞争力。在此以智能配电网中心作为试点,梳理其工作性质、工作方向,探索配电网领域人才培养方法。

一、配电网人员培养发展需求

配电网的管理涉及多个方面,管理的完善与否在很大程度上影响着供电企业的效益和安全生产。人为因素可能会导致配电精益化管理过程中出现诸多问题,从而影响配电网建设的质量和效率。当前,如何科学合理地培养高素质的管理队伍和技术人才,加强配电网可靠性管理,加强设备的可靠维护,最大限度地提高电网使用效率已成了当务之急。

二、配电网人员培养现存问题

(1)智能配电网发展迅速,技术手段日新月异。对员工的专业能力要求逐步提升,新标准、新流程、新工艺的岗位培训压力巨大。

(2)人员转岗时间紧。大量专业熟练工人到新的岗位亟须新的技能培训。在新入职培训人员多、生产流程不能停、经验员工占比低的情况下,提升岗位技能的培训需求迫在眉睫。

(3)当前培训见效慢。岗位培训主要存在技能督导不到位、实训标准不统一、持续改进机制不健全、施训质量不齐等问题,极大地阻碍员工成长成才的速度。特别是技能培训工作受培训时间、地点、专业、教材等约束,培训范围一般仅限于培训期间的员工。这种方式的培训既不能覆盖本专业的全部技能项目,也没有规范、统一的培训教材,更不能保证培训教师持续跟踪每名员工的技能培训进度。如果不先进行集中培训,培训在生产绩效中体现的收效就比较慢。

而TWI标准训练体系经多国长期实践证明,正是解决这些问题最科学有效的方法。

第二章　配电网领域人才的培养历程

第一节　企业常用培训方法

2018年，试点单位为了加快员工能力素质提升，实现企业、队伍的同步转型，特制订《国网冀北智能配电网中心员工能力素质提升方案》（详见本章附录）。

试点单位处于转型的发展阶段，随着大量新员工的加入，如何让新员工快速成长，培养所需人才，有效支撑单位发展是一个亟须解决的问题。对此，试点单位对专业管理、能力素质提升等方面的培训及方法进行大量探索。

企业培训的效果在很大程度上取决于培训方法的选择。当前，企业培训的方法有很多种，不同的培训方法具有不同的特点，也各有优劣。要选择到合适有效的培训方法，需要考虑到培训的目的、培训的内容、培训对象的自身特点及企业具备的培训资源等因素。

企业培训常用的8种方法的特点和适用范围如下：

1. 讲授法

本方法属于传统模式的培训方式，指培训师通过语言表达，系统地向受训者传授知识，期望这些受训者能记住其中的重要观念与特定知识。

【要求】　培训师应具有丰富的知识和经验；讲授要有系统性，条理清晰，重点、难点突出；讲授时语言清晰，生动准确；必要时运用板书；应尽量配备必要的多媒体设备，以加强培训的效果；讲授完应保留适当的时间让培训师与学员进行沟通，用问答方式获取学员对讲授内容的反馈。

【优点】　运用方便，可以同时对许多人进行培训，经济高效；有利于学员系统地接受新知识；容易掌握和控制学习的进度；有利于理解难度大的内容。

【缺点】　学习效果易受培训师讲授的水平影响；由于主要是单向性的信息传递，缺乏教师和学员间必要的交流和反馈，学过的知识不易被巩固，故常被运用于一些理念性知识的培训。

2. 工作轮换法

这是一种在职培训的方法，指让受训者在预定的时期内变换工作岗位，使其获得不同岗位的工作经验,一般主要用于新进员工。现在很多企业采用工作轮换则是为培养新进入企业的年轻管理人员或有潜力的未来的管理人员。

员工每天在单一的岗位上,逐渐变得懒惰,失去了新鲜感和创造性。企业可以制定轮岗制度来改善这种问题。员工会以一个初学者的角色来面对新接触的岗位,这就会使员工产生极高的新鲜感,并且在此过程中也会加强员工的创造力,能够发现员工更适合哪个岗位。企业进行轮岗制不仅加强了员工的新鲜感和创造力,更能够让他们亲自接触到公司各个岗位,做到全面地了解企业。而且员工在不同的岗位上工作也会使公司间各个部门交流变得更加密切,这既可以促进员工与员工、部门与部门的沟通,又加强了公司员工的协作配合能力。因此,随着企业之间的竞争,轮岗这一项制度的实施对公司培养和鼓励人才方面提供了极大的帮助。

【要求】 在为员工安排工作轮换时,要考虑培训对象的个人能力以及他的需要、兴趣、态度和职业偏爱,从而选择与其合适的工作;工作轮换时间长短取决于培训对象的学习能力和学习效果,而不是机械地规定某一时间。

【优点】 工作轮换能丰富培训对象的工作经历;工作轮换能识别培训对象的长处和短处,企业能通过工作轮换了解培训对象的专长和兴趣爱好,从而更好地开发员工的所长;工作轮换能增进培训对象对各部门管理工作的了解,拓展员工的知识面,对培训对象以后完成跨部门、合作性的任务打下基础。

【缺点】 如果员工在每个轮换的工作岗位上停留时间太短,所学的知识不精;由于此方法鼓励"通才化",适合于一般直线管理人员的培训,不适用于职能管理人员。

3. 工作指导法或教练/实习法

这种方法是由一位有经验的技术能手或直接主管人员在工作岗位上对受训者进行培训,如果是单个的一对一的现场个别培训则称为师带徒培训。负责指导的师傅的任务是教给受训者如何做,提出如何做好的建议,并对受训者进行鼓励。这种方法一定要有详细、完整的教学计划,但应注意培训的要点:第一,关键工作环节的要求;第二,做好工作的原则和技巧;第三,须避免、防止的问题和错误。这种方法应用广泛,可用于基层生产工人。

【要求】 培训前要准备好所有的用具,搁置整齐;让每个受训者都能看清示范物;师傅一边示范操作一边讲解动作或操作要领。示范完毕,让每个受训者反复模仿实习;对每个受训者的试做给予立即的反馈。

【优点】 通常能在培训者与培训对象之间形成良好的关系,有助于工作的开展;一旦师傅调动、提升、或退休、辞职时,企业能有训练有素的员工顶上。

【缺点】 不容易挑选到合格的师傅,有些师傅担心"带会徒弟饿死师傅"而不愿意倾尽全力。所以应挑选具有较强沟通能力、监督和指导能力以及宽广胸怀的师傅。

4. 研讨法

按照费用与操作的复杂程序又可分成一般研讨会与小组讨论两种方式。研讨会多以专题演讲为主,中途或会后允许学员与演讲者进行交流沟通,一般费用较高。而小组讨论法则费用较低。研讨法培训的目的是提高能力,培养意识,交流信息,产生新知。比较适宜于管理人员的训练或用于解决某些有一定难度的管理问题。

【要求】 每次讨论要建立明确的目标,并让每一位参与者了解这些目标;要使受训人员对讨论的问题发生内在的兴趣,并启发他们积极思考。

【优点】 强调学员的积极参与,鼓励学员积极思考,主动提出问题,表达个人的感受,有助于激发学习兴趣;讨论过程中,教师与学员间、学员与学员间的信息可以多向传递,知识和经验可以相互交流、启发,取长补短,有利于学员发现自己的不足,开阔思路,加深对知识的理解,促进能力的提高。据研究,这种方法对提高受训者的责任感或改变工作态度特别有效。

【缺点】 运用时对培训指导教师的要求较高;讨论课题选择的好坏将直接影响培训的效果;受训人员自身的水平也会影响培训的效果;不利于受训人员系统地掌握知识和技能。

5. 视听技术法

本方法就是利用现代视听技术(如投影仪、录像、电视、电影、电脑等工具)对员工进行培训。

【要求】 播放前要清楚地说明培训的目的;依讲课的主题选择合适的视听教材;以播映内容来发表各人的感想或以"如何应用在工作上"来讨论,最好能边看边讨论,以增加理解;讨论后培训师必须做重点总结或将如何应用在工作上的具体方法告诉受训人员。

【优点】 由于视听培训是运用视觉和听觉的感知方式,直观鲜明,所以比讲授或讨论给人以更深的印象;教材生动形象且给学员以真实感,所以也比较容易引起受训人员的关心和兴趣;视听教材可反复使用,从而能更好地适应受训人员的个别差异和不同水平的要求。

【缺点】 视听设备和教材的成本较高,内容易过时;选择合适的视听教材不太容易;学员处于消极的地位,反馈和实践较差,一般可作为培训的辅助手段。

6. 案例研究法

本方法指为参加培训的学员提供员工或组织如何处理棘手问题的书面描述,让学员分析和评价案例,提出解决问题的建议和方案的培训方法。案例研究法为美国哈佛商学院所推出,目前广泛应用于企业管理人员(特别是中层管理人员)的培训。目的是让他们具有良好的决策能力,帮助他们学习如何在紧急状况下处理各类事件。

【要求】 案例研究法通常是向培训对象提供一则描述完整的经营问题或组织问题的案例,案例应具有真实性,不能随意捏造;案例要和培训内容相一致,培训对象则组成小组来完成对案例的分析,作出判断,提出解决问题的方法。随后,在集体讨论中发表自己小组的看法,同时听取别人的意见。讨论结束后,公布讨论结果,并由教员再对培训对象进行引导分析,直至达成共识。

【优点】 学员参与性强,变学员被动接受为主动参与;将学员解决问题能力的提高融入知识传授中,有利于使学员参与企业实际问题的解决;教学方式生动具体,直观易学;容易使学员养成积极参与和向他人学习的习惯。

【缺点】 案例的准备需时较长,且对培训师和学员的要求都比较高;案例的来源往往不能满足培训的需要。

7. 角色扮演法

本方法指在一个模拟的工作环境中,指定参加者扮演某种角色,借助角色的演练来理解角色的内容,模拟性地处理工作事务,从而提高处理各种问题的能力。这种方法比较适用于训练态度仪容和言谈举止等人际关系技能。比如询问、电话应对、销售技术、业务会谈等基本技能的学习和提高。适用于新员工、岗位轮换和职位晋升的员工,主要目的是使员工尽快适应新岗位和新环境。

【要求】 教师要为角色扮演准备好材料以及一些必要的场景工具,确保每一事项均能代表培训计划中所教导的行为。为了激励演练者的士气,在演出开始之前及结束之后,全体学员应鼓掌表示感谢。演出结束,教员针对各演示者存在的问题进行分析和评论。角色扮演法应和授课法、讨论法结合使用,才能产生更好的效果。

【优点】 学员参与性强,学员与教员之间的互动交流充分,可以提高学员培训的积极性;特定的模拟环境和主题有利于增强培训的效果;通过扮演和观察其他学员的扮演行为,可以学习各种交流技能;通过模拟后的指导,可以及时认识自身存在的问题并进行改正。

【缺点】 角色扮演法效果的好坏主要取决于培训教师的水平;扮演中的问题分析限于个人,不具有普遍性;容易影响学员的态度,而不易影响其行为。

8. 企业内部电脑网络培训法

这是一种新型的计算机网络信息培训方式,主要是指企业通过内部网,将文字、图片及影音文件等培训资料形成一个网上资料馆,网上课堂供员工进行课程的学习。这种方式由于具有信息量大,新知识、新观念传递优势明显,更适合成人学习。因此,特别为实力雄厚的企业所青睐,也是培训发展的一个必然趋势。

【优点】 使用灵活,符合分散式学习的新趋势,学员可灵活选择学习进度,灵活选择学习的时间和地点,灵活选择学习内容,节省了学员集中培训的时间与费用;在网上培训方式下,网络上的内容易修改,且修改培训内容时,不须重新准备教材或其他教学工具,费用低。可及时、低成本地更新培训内容;网上培训可充分利用网络上大量的声音、图片和影音文件等资源,增强课堂教学的趣味性,从而提高学员的学习效率。

【缺点】 网上培训要求企业建立良好的网络培训系统,这需要大量的培训资金;该方法主要适合知识方面的培训,一些如人际交流的技能培训就不适用于网上培训方式。以上各种培训方法可按需要选用一种或若干种并用或交叉应用。由于电力企业人员结构复杂、内部工种繁多、技术要求各不相同,企业培训必然是多层次、多内容、多形式和多方法的。这种特点要求培训部门在制订培训计划时,就必须真正做到因需施教、因材施教、注重实效。

本章附录：国网冀北智能配电网中心员工能力素质提升方案

（一）工作目标

践行"以客户为中心、专业专注、持续改善"的企业核心价值观，围绕单位建设发展规划，努力打造组织有力、机制健全、全员参与、推动发展的学习型组织，持续提升干部职工的能力素质，现代化为一流配电网建设提供有力的人才保障。

（二）建立健全管理机制

1. 加强组织领导

建立单位教育培训管理委员会统筹领导、综合管理部归口管理、各部门具体实施的三级组织管理体系。建立兼职培训员队伍，协助部门负责人落实计划编制、项目实施、效果评估、档案记录等工作，加强员工能力素质提升的监控和反馈。

2. 实施重点任务管理

把员工能力素质提升作为一项重点任务，与业务工作同部署、同推进。以单位工作例会为载体，以部门为主体，按照周汇报、月总结、季评价的模式，定期回顾评估，持续推进员工能力素质提升。对照员工能力素质提升重点任务，探索项目化管理。

3. 建立考核评价机制

将员工能力素质提升成效纳入部门绩效考核。借鉴省电力公司素质提升活动考核方式，制订员工能力素质提升工作量化评价方案，明确规定任务和加分任务两个维度考核内容，设置积分看板，季度通报积分排名，按照部门年度绩效考核方式进行考评。

（三）重点工作任务

1. 建立完善能力素质模型

依托《岗位能力培训项目体系》和《管理人员能力素质模型》，结合业务开展需求，按照基础性、改善性、创新性三个层次，建立能力素质模型。结合能力素质模型，员工明确能力素质提升目标，部门针对性安排学习培训和岗位培养，不断提高岗位胜任能力。综合管理部负责编制统一模板，各部门根据人员上岗情况，逐人建立模型。模型每年修订完善。

2. 按需开展培训

一是做好培训计划安排。结合实际工作需要,开展培训需求分析,按照"缺什么、补什么,干什么、练什么"的原则,做好教育培训项目储备和计划安排。第一年,针对转岗人员和新进员工,培训重点是新业务管理制度和实操流程,与供电保障指挥、营配调贯通相关的 D5000、PMS 等业务应用系统、配电网运行监测分析、配电自动化终端检测、实验室管理。2019 年,结合单位的职能定位和发展要求,计划开展配电网运行技术、配电网规划设计导则、项目部管理、工程造价管理、工程安全质量管理、配电自动化、营配调贯通、实验室认证等 17 个培训项目。

二是开展"主任讲堂"活动。针对亟须解决的问题,发挥单位领导和部门干部的专业特长和工作经验,每周开展一次主任讲堂,讲授通用制度、管理经验、规程标准、专业知识等。讲堂课件上传至内网平台,实现以讲促学、共同提升。

三是开展效果评估。采用考试和实操相结合的方式评估培训效果。结合岗位工作成果、论文专利、创新奖项等综合评定能力素质提升成效。

3. 开展对标学习

引导、支持各部门向单位外部的先进生产管理实践学习。各部门结合业务开展实际,选择标杆单位,确定对标主题,请进来、走出去,持续提高业务管理水平和专业技术能力。

4. 开展师带徒活动

发挥领导干部的业务专长,用好人才帮扶政策,采取一对一、一对多等培养方式,强化专业指导,对新入职员工和转岗人员进行"传、帮、带"。组织师带徒见面会,签订师带徒培养责任书,制订培养方案和计划,定期开展效果评估,确保师带徒培养成效。

5. 建立交流合作平台

一是开展实验室建设。引进先进技术资源和实验体系管理经验,开展"先进配电自动化与配电网优化控制国家电网重点实验室"签约实验室与联合实验室建设,提升试验检测、标准修订、创新成果培育等能力。

二是开展科技攻关。开展高水平科技项目攻关,带动单位的技术水平,培养专家人才。组织各部门开展管理创新、技术攻关、五小创新,做到有活动、有成果。

三是借助咨询机构,开展 ISO 9000、CNAS、安健环等认证认可,建立完善实验室管理体系,提高检测技术能力。

6. 塑造能力素质提升氛围

一是创建能力素质提升示范岗。打造职能管理和专业技术的提升样板,每个部门设置一个能力素质提升示范岗,发挥先进典型的示范作用,促进队伍整体转型。

二是鼓励职业资格取证和学历提升。借鉴信通公司、物资公司等单位的先进经验,建立激励机制,鼓励干部职工积极获得人力资源管理师、项目管理师、造价师、咨询师、注册电气工程师、注册计量师、实验室内审员等职业资格。取证后给予一次性奖励。鼓励干部职工利用业余时间,多渠道、多层次提升学历,优化队伍学历层次结构,提升员工综合素质。

三是建立知识共享群。利用微信群等媒介,建立配电网基础、能源互联网前沿等知识共享群,及时传播学习专业知识。利用内部网站,建立行业资讯、感悟分享、规章制度等平台,引导员工即学即悟,分享学习成果。

四是做好能力素质提升与岗位实践、职业发展相结合。开展"创建学习型组织,争当知识型员工"的活动,倡导学习工作化、工作学习化,把工作中遇到的难题当作能力素质提升的主要内容,将学习成效真正体现在岗位工作中,推动学习和工作相互融合,相互促进,不断提高岗位胜任能力。围绕岗位调整、职员聘任、职务职级晋升、评优评先、人才选拔等方面,积极引导和帮助员工不断提升能力素质,实现个人职业发展。

(四)时间安排

1. 第一年部署推进

建立组织机构,健全管理机制,重点落实建立能力素质模型、建立交流合作平台和知识共享平台,开展师带徒活动等工作任务。

2. 第二年改进提升

重点组织实施年度教育培训项目,开展对标学习,继续推进交流合作等工作任务。

3. 第三年深化创新

落实推进人才重点培养,深化人才评价,培育技术创新成果、管理创新奖项等工作任务。

第二节　培训成效对比

A—高、B—中、C—低

培训方法	参与度	资金投入	满意度	出错率	时间投入	案例
讲授法	C	A	B	A	B	配电专业课程讲授
脱产培训	C	A	A	B	B	新员工集体培训
工作轮换法	A	C	B	A	A	新员工轮岗实习
工作指导法或教练	A	B	A	A	A	师带徒
研讨法	A	C	B	A	A	主题头脑风暴
视听技术法	B	C	B	B	B	财务系统操作学习
案例研究法	A	B	A	B	B	电网安全事故研究学习
角色扮演法	A	B	A	B	B	大面积停电情况下保电工作应急演练
企业内部电脑网络培训法	B	A	B	B	C	网络大学学习

对于员工来说，企业最大的福利就是培训，对于企业发展来说，员工的高效快速成长是企业前进的强大助力。由上表可知，通过对试点单位的各种常规培训方法的尝试与应用的统计可知，每个方法各有利弊，达到的效果各有千秋。在这些基础培训基础上，了解引入美国"一战"期间兴起的TWI方法，结合现在企业具体情况，探索出基于TWI的实训课程，通过转换思考角度，从培养培训师角度着手，解决当前培训面临难题，助力培训效果提升。

第三节　改进培训方式的新思路

一、被动转主动

大多数企业员工培训偏重于"课堂教学"，培训方法和技术落后，培训时往往以教师为中心，缺乏培训双方的交流与沟通。这种传统的培训方式与现在欧美发达国家采用的"案例教学法""小组讨论法""模块培训模式"的效果相差甚远。

通过实训，调动员工兴趣，突破"老师讲、学员听、考试测"的三段模式，从源头进行改变。

二、减少存在的诸多误区

企业对员工培训所持的错误观点主要是：培训无用论，即认为培训是浪费时间和金钱，埋怨培训只开花，不结果；有限效果论，即认为培训效果不明显，潜在的效果对目前来说不合算，为片面节约成本而降低培训投入；培训风险论，即认为经过培训后的员工素质和技能提高了，人员流出本企业的可能性更大。

通过现场实训，倒逼员工加快学习，增强能动性。

三、培训效果直观

大部分企业的培训只注重培训的现场状况，如，只对培训的组织、培训讲师的表现等最表面的东西进行考评，而对于培训对员工行为的影响，甚至对于公司整体绩效的影响不去考评。而外派培训则更简单，只是看培训者有没有培训的合格证书；另外，培训后也不能做到"人尽其才，物尽其用"，而是原来干什么，现在还干什么，原来怎么干，现在还怎么干，甚至连企业自己都说不清到底有没有达到预期的目的。

通过阶段的实训，教导者和学习员工对工作的掌控情况、开展情况有明确参照点，效果直观。

四、立足需求，科学规划

培训工作作为人力资源开发的一项系统工程，应有计划性和针对性。但目前大多数企业的培训工作缺乏科学合理的安排，主要表现在：培训工作缺乏科学的培训需求分析，仅满足眼前利益和短期需求；长期培训、短期培训一起上，缺乏系统安排，达不到预期效果；培训缺乏预见性，对企业人才需求的预测和人才规划工作不到位；企业员工很难参与设计培训计划，员工参与培训的积极性低。

立足现场实际，科学规划，培训需求明确，目标清晰。

五、立足现场，培训成果需要转化环境

员工培训后返回工作岗位，需要上级领导的支持，同事间的沟通、互助，资金、配套设施和相关政策的扶持以及时间等因素的配合作用，才能促使培训效果有效转移到实际工作中去。

基于以上5条培训改进方向，本书引入TWI实训方法。

第二篇　课程设计思想

- TWI 理念概述
- TWI 的应用实践

第三章 TWI 理念概述

第一节 TWI 的起源与发展

TWI(Training Within Industry)，即为督导人员训练，或一线主管技能培训。TWI 是一套训练一线主管、班组长的成熟、简单、实用、速效、国际通用的标准教程。由"二战"时期美国军备局为保证军工生产所开发并取得显著成效，实践证明它给"二战"中的美国军工企业和整个工业提供了无价可估的支持。

第二次世界大战期间，美国政府为了提高军工企业的劳动生产率，于 1940 年 8 月，由国家国防委员会组织专家成立 TWI 服务公司（后归属于联邦安全局），一直服务到 1945 年 9 月 30 日。TWI 服务效果显著。从《TWI 报告：1940—1945》中可见，TWI 使企业的利润、产量、劳动生产率等方面大幅度提升，在培训时间、客户抱怨、工具损坏等方面大幅度降低。（表 3-1 为各个时间点上的评价结果）

表 3-1

事项＼时间	普遍提高利润 25% 以上						
	1943 年 5 月	1943 年 9 月	1944 年 2 月	1944 年 9 月	1945 年 4 月	1945 年 7 月	1945 年 9 月
产量增加(%)	37	30	62	76	64	63	86
培训时间缩短(%)	48	69	79	92	96	95	100
劳动力节省(%)	11	39	47	73	84	74	88
损坏降低(%)	11	11	53	20	61	66	55
不满意下降(%)	没有报告	55	65	96	100	100	

"二战"后 TWI 作为美援项目输出到世界各地。TWI 以其能快速为企业带来降低成本、提高品质、改善现状、提高效益等显著功效，深受各国政府重视和企业欢迎，并有多国政府通过职业立法进行推广与实施，是目前为止世界上单

个项目培训人数最多、持续时间最长、效果最显著的基础管理技能训练教程。

特别是在日本,自1950年前后导入TWI至今,风行70余年不衰。它是我们所熟悉的精益生产(TPS)、全面质量管理(TQC)、标准化作业、5S、工业工程(IE)等现代生产管理理论和方法的根源和基础,对全面提升战后日本综合国民素质和成就日本现代制造业功不可没。"二战"后,以美国为主的盟军占领日本,盟军意识到为了让日本从战败中恢复过来,并防止战败国发生混乱,必须重建日本的民主政治和经济。当时日本技术劳动力的潜力极为深厚,但是缺乏有效的督导人员,而TWI服务公司所开发的训练课程及其在美国的成功,正好迎合了日本管理局实现这个目标的需求,故引进TWI。日本政府和企业深深了解此种训练的重要性,除了日本政府的劳动省大力推动外,由企业发起组建了社团组织"日本产业训练协会"专门负责TWI训练体系的推广,TWI成为大部分日本企业的必修课,至今训练了近千万名企业管理人员,这些人成为日本产业界的骨干。TWI对成就日本现代制造业,造就一大批进入世界500强的优秀企业和优秀管理人才立下汗马功劳。我们所熟悉的标准化作业、5S、精益生产(TPS)、全面质量管理(TQC)无不与TWI密切相关。TWI对日本企业文化、管理文化和管理哲学产生了深刻而持久的影响。

2009年4月底,中国中小企业国际合作协会(以下简称中小协会)与社团法人日本产业训练协会(以下简称日产训)签署合作协议,全面引进TWI和MTP标准训练教程,作为中国中小企业竞争力工程的核心项目,竞争力工程执委会牵头组建了"全国TWI-MTP推进办公室",具体负责项目的推广与实施。

第二节 TWI的理念与定位

聚焦"安全、服务、效率、效益"等指标,将精益管理融入公司各项工作。通过不断提高配电网管理意识、积极降低成本、集中提高质量、加快整体关键流程速度和改善资本投入,实现配电网管理经济效益最大化。让企业内外兼修,坚持内涵式提升和外延式发展齐头并进,最终实现企业效益最优、价值最大。配电网管理专业工作存在的问题随着配电网发展日益增大,网络运行方式更加复杂,对员工技术技能要求也越来越高,具备配电网专业知识技能人员逐渐紧缺。电网企业每年聘请相关专业在岗员工作为兼职培评师承担培评授课、评价考评、培评评价资源建设等任务,但由于配电网运行情况和故障情况具有一定复杂性和随机性,故配电网管理人力资源缺口较大,加之尚未建立标准化培评流程,故而提出本实训体系,解决配电网人才需求问题,提升配电网方向综合实力,助力更可靠更智能的配电网建设。

TWI 实训着眼于建立长期的思维理念,从社会和企业的使命感出发,不以短期利益为目的,而是培养"一专多能""一岗多能"的复合型人才,适应专业重组、岗位变动、业务拓展等环境变迁;着眼于不断改进培训内容,倡导深入分析问题、预防问题发生,在不同的时间点、不同的特定环境具备不同的解决方案;遵循精益管理关键理念,着眼于消除浪费,帮助提速生产环节、培训环节、办公环节等业务流程。

通过分析技能培训内外部形势和问题,引入 TWI 实训理念,积极寻找如何帮助员工掌握系统化、规范化、标准化的岗位技能,能够轻松、高效地工作,从而大幅提升劳动生产效率。

(1)培养一批波浪式覆盖的实训师资队伍

以培养一流配电网人才为目标,借鉴波浪覆盖原则,建立 TWI 总培训师、TWI 培训师和 TWI 实训员三层 TWI 实训师资队伍。通过总培训师接受外部专业机构 TWI 授课技能、上一级培训下一级 TWI 授课技能的体系,达到施训标准统一、实训效果有效保证、实训范围快速覆盖。

(2)打造一套标准统一的 OS 课程体系

通过一整套来源于现场标准化作业的 OS(Operation Standard 操作标准)课程体系,以规范化的作业标准书 OS 为培训范本,系统梳理安全理念、检修技术、应急处理等专业产训项目内容,制定实训项目标准,对实训课程进行系统化设计。

(3)构建一个虚实结合的高效率培训平台

在 TWI 实训体系中实施两种认证。第一种在师资队伍中,总培训师取得外部培训机构认证,培训、实训员经过上一级的授课并盖章认证,方可开展培训。第二种认证指员工参加 TWI 实训时,由培训师或实训员对完成的实训项目进行盖章认证。

(4)营造一种争学技能的激励氛围

建立 TWI 实训管理办法,将实训的绩效指标纳入个人岗位调整、单位评优争先,与 TWI 实训管理、培训考核结果挂钩,设置薪酬制度调整的基本要求,促进员工认真落实 TWI 实训。

第三节　TWI 的概念

　　TWI 是由 JI(Job Instruction,工作教导)、JR(Job Relations,工作关系)、JM(Job Methods,工作改善)、JS(Job Safety,工作安全)四个模块组成,以标准化、流程化的训练方式实现提升一线主管、班组长"教、管、改"的核心技能。使之能够高效指导部属工作,挖掘部属的潜力,与部属一起持续改善现有作业问题,消除生产过程中的人、材、物浪费及不均衡、不合理现象,降低成本,提高团队的产出和效益。

一、教导的技能(TWI-JI)

　　工作教导(JI)——使基层主管能够用有效的程序,清楚指导部属工作的方法,使部属很快地接收到正确、完整的技术或指令(图 3-1)。

JI 工作的教导方法 (Job instruction Course)	
情景	课程的要点
下属、新员工的工作状况	对方没有记住是因为自己没有较好明确训练的要点,制作训练续订表
<u>不明白、不会做、不熟练</u>➡ 利用JS教导	1. 结合对方的能力,制作作业分解表 2. 教导前准备所有的必需品 3. 为了展示正确的样本,整理作业场所
为了正确地、迅速地、安全地教导工作,必须掌握教导的方法	按照4阶段法进行指导 第一阶段-使其做好学习准备 第二阶段-说明作业内容 第三阶段-让其试做 第四阶段-实践

图 3-1

　　一线主管不仅自己要熟练掌握工作知识和操作技能,而且要能够将其准确无误地传授给下属,并指导他们在日常工作中不断改进与提高。工作教导模块通过两个核心训练来提升一线主管的指导技能:一是教导前的准备,包括制定训练预定计划表和工作分解表;二是教导部属工作的四阶段法。用这种科学有效、简单易学实用的训练方法,去指导部属的工作,可以大大缩短新员工、新方法的培训时间,并且能够做到一次教会,一次教对,减少人、材、物的浪费和不良品及返修品的产生,减少灾害的发生和工具设备的损坏,保证产品质量的一致性和稳定性。

二、管人的技能(TWI-JR)

工作关系(JR)——使基层主管平时与部属建立良好人际关系,部属发生人际或心理上的问题时,能够冷静地分析问题,合情合理地解决问题(图 3-2)。

JR 领导方法 (Job Relations Course)	
情景	课程的要点
有关工作上的人际关系	监督者与部下共同提高成果掌握为了处理好人与人之间的关系的基本心得体会
没有干劲,不去干有,不平静 有效运用JR ➡	1. 工作状态如何向当事人说明 2. 好的时候要赞美 3. 对当事人有影响力的变更要先预先告知 4. 充分发挥当事人的潜力
为了处理好工作场所的人际关系,按照事前的对策和事实,学习工作场所的问题处理方法。	按照4阶段法处理工作场所的问题 第一阶段-抓住事实 第二阶段-充分考虑后决定 第三阶段-处置 第四阶段-确认后续工作

图 3-2

一线主管必须通过部属来完成任务,他们必须能够积极有效地处理工作中的人际关系,特别是主管与部属及部属之间的人际关系,使部属乐于追随主管并心甘情愿、同心协力地工作,提高整个团队的效能。TWI-JR 模块通过"建立良好人际关系的要诀"和"处理人际关系问题的四阶段法"训练主管预防问题发生和快速有效地处理问题的技能。

三、改善的技能(TWI-JM)

工作改善(JM)——使基层主管能用合理的程序,思考现场工作上的问题与缺失,并提出改进方案,提升工作的效率与效能(图 3-3)。

JM 改善的方法 (Job Mothod Course)	
情景	课程的要点
有关工作上的方法、顺序	无更好的方法了吗
不好、不足，不轻松，不被喜欢 有效运用JM ➡	通过最有效的运用现有的劳动力、机械以及材料，能够再短时间内，大量生产出好品质的东西，学习对此有帮助的实际方法。
掌握能够改善工作的方法、顺序、设施等手法	通过4阶段法进行改善 第一阶段-分解作业 第二阶段-自问每个细节 第三阶段-新方法的展开 第四阶段-实施新方法

图 3-3

这是一种对日常工作的细节加以研究、分析，通过去除、简化、合并、重组等手段，使作业变得更加简单、省力、舒适、有序、有效的技能。工作改善不是大范围地对机械、设备的更新和变动，而是通过消灭人力和资财浪费，实现现有的人力、机械、材料有效利用。

TWI-JM 模块是通过对一项工作现有做法按动作进行详细分解，然后对分解后的每个细目进行5W1H"六个自问"：为什么是必要的？其目的是什么？由谁？什么时间？什么地点？用什么方法做会更好？并结合材料、机械、设备、工具、设计、配置、动作、安全、整理整顿九项进行追问思考，在追问思考中实现去除、合并、重组、简化，梳理出改善点和新方法，且持续进行，永无止境。

四、安全操作技能(TWI-JS)

工作安全(JS)——使基层主管学习如何使类似灾害事故绝不再犯的对策和方法(图 3-4)。

工作中不可避免地会出现错误，但不能因为怕出错误，就不做工作了。只要我们掌握了规避错误的对策和方法，错误就不可能成为灾难。其实，错误也是一种学习，允许犯错误，但不允许重复犯同样的错误，这就是工作安全的底线和真谛。

JS 安全作业的方法 (Job Safety Course)	
情景	课程的要点
有关安全作业	事故发生有原因，事前考虑对策
安全卫生意识低，不安全行动，不遵守作业基准，发生意外事故 ➡ 有效运用JS，同时也要运用JI、JM、JR	1. 防止事故的需要 2. 对物的心得 3. 对人的心得 4. 灾害发生时的处理 作为监督者应该举行防止劳动灾害的活动
所谓安全，是指事前考虑对策，进行处理。绝不发生相似、同种灾害，要学习事前的对策和方法。	通过4阶段法事前处置 第一阶段-考虑成为事故的原因 第二阶段-考虑对策做出决定 第三阶段-实施对策 第四阶段-讨论结果

图 3-4

其中，知识是指"知道的东西"；技能是指"通过练习而掌握的东西"，2个知识每个公司不同，而4个技能分别可以通过 TWI 四大模块 JI（指导的技能）、JR（管人的技能）、JM（改善的技能）和 JS（安全的技能）来实现（图 3-5）。

TWI（5个课程）的内容

监导者自己对工作场所的管理、监督寄予很深的关心，投入很大的热情，这个的重要性自不用说，但是，为了执行业务，监导者从经验上具备以下的6个条件是非常重要的。

监导者的必要条件：

2知识+4技能

明确工作的知识
熟知职责的知识
能够准确定位作为班组长的角色，明确自身责任；
能够管理工作、训练属下；
具有改善工作的能力；
熟练领导属下的能力；
工作场所的安全、卫生管理。

因此，TWI 培训中为了赋予监导者如图所示的4个能力（技能），设置了角色转换、JI、JR、JM、JS这5个课程。

图 3-5

第四章 TWI 的应用实践

第一节 美国的 TWI 训练体制

一、TWI 训练教程在美国的导入背景

TWI 现场管理技能训练教程,即 TWI 培训,是美国在第二次世界大战时期开发并普及的。至大战结束前,在美国接受过 TWI 培训的第一线管理人员超过 200 万人,这对战时的美国产业界产生了巨大影响。第二次世界大战结束之后,英国和日本都陆续导入了 TWI 培训,发展和普及最为迅速。在中东地区、印度和东南亚地区亦有一定程度的普及。

1940 年,德军攻占巴黎,第二次世界大战进入了新的阶段,美国也进入了临战体制。为了强化战时的生产体制,美国国防委员会认为需要在企业中制定训练员工的计划。这就是 TWI 培训计划的开始。其中的主要策划者是为国防委员会出谋划策的顾问委员会中负责劳动雇用咨询的委员 S. Hillman。

TWI 培训最初考虑的事情,有以下三件:

(1)对目前掌握技能的人员进行调查,明确未就业和不熟练者的技能程度;

(2)在企业外进行训练(Training outside of industry);

(3)在企业内进行训练(Training within industry)。

在以上的第(3)条中,要求提高工作的知识与技能,培养技能工和现场管理人员。因此,在企业的内部训练中,这三点自然就成为重要项目。虽然 Training within industry 是一般用语,之后逐渐以培训现场管理人员为中心展开,也就成了训练现场管理者的代名词。不过,仅从这个名字中仍难知道具体内容,随着训练领域逐渐清晰明确,TWI 培训基本划分为 2 个主要内容,其一是培养现场管理者管埋技能的三个项目(Job Instruction 工作指导,Job Methods 工作改善,Job Relations 工作关系),其二是以培训担当者为对象的训练计划推动方法(Program Development Institute,PDI)。

二、自始至终由政府主导

回顾美国开展 TWI 训练的过程,首先是国家对如何应对战争之准备工作

的重要一环,完全是政府行为,目的十分明确,就是要打赢这场战争。从1942年4月开始设立战时人力委员会(WMC)开始,TWI本部就设立在其中的训练局中(位于华盛顿)。本部职员的人数也不断增加,开始时的正式员工有45人,负责向各地进行支援的辅助员工也达到10人。主要工作是,决定实施方针,与各方面协调,制作训练课程,进行统计调查,活动报告,发行TWI资料,领导各地区的活动等。截至战争结束前的1944年,专门从事普及TWI训练的国家公务员总数已经达到415人。

特别值得一提的是,除了国家公务员之外,还有许多产业界的普通人业余自愿地参加到这项工作中来。这也是受当时开发TWI训练项目的理念,即"为了产业,用产业自己的力量,在产业之中"理念的影响。为取得更大的实施效果,国家组织中的其他机构也给予很大支持。比如美国教育部也派人一起参加TWI总部的活动,在开展各项普及活动中,两个部门共同发布文件的次数有三次之多,当时教育部投入TWI活动中的总预算和TWI本部的预算额几乎是相同的。

以上提到的政府组织的普及活动,当然也是建立在对于当时企业现状的大量调查之后,根据企业的合理需求安排的。从1940年开始的对美国国内各种企业的调查结果表明,在所有的工厂中,现场管理者都在为"如何教员工"而忙得不可开交,而对于这些现场管理者,毫无疑问,需要一定的支援和指导。此时,可以得到外部支援的最多只有5%左右,而其余95%的企业,只能在工作现场中去教,除此之外没有其他方法。

三、TWI训练教程的制作与定型

第二次世界大战虽然时间很短,但是战事逼人,分秒必争,美国政府制定了完整的TWI培训教程,其基本构架至今仍几乎没有变化,这是美国对全世界的巨大贡献。

首先是JI(工作指导)在1942年4月完成,之后在1943年2月完成了JR(工作关系),同年7月完成了JM(工作改善),9月完成了前述最后一个项目即训练计划推动方法(PDI)。

工作指导中的指导方法,在很早以前就已知道其基本原则和方法,最早可以追溯到1917年。按此总结出一套针对现场管理者的教程,并不十分困难。工作改善的基本手法,在泰勒时代的生产管理中已经加以运用,也相对比较熟悉。困难的是JR(工作关系),虽然基本研究已经在20世纪30年代的美国社会学界的实证产业社会学中得到检验,但是实际上有不少内容还停留在经验者的体会和尝试之中,几乎完全是一个未开拓的领域。

第二节 日本的TWI训练体制

一、TWI训练教程在日本的导入背景

1949年,第二次世界大战结束刚满4年,TWI训练教程就被导入日本,并直接进入劳动省有关机构,开始了漫长的推广活动。前述TWI训练在美国导入,目的非常明确,就是为了打赢这场战争,所以打赢战争后的1945年9月,战时人力委员会(WMC)宣告解散,与TWI相关的推动组织也随之解体,前后一共只有三年半时间。虽然在战争期间轰轰烈烈,但是战争一旦结束,这项工作随即从政府层面消失,之后也未见有正式的政府组织继续从事推广的工作。

而在日本则完全不同,当时的日本正处于战后重建时期,到处是一片废墟。如何迅速恢复经济是首要课题。美国占领军当时对日本产业界提供了三套培训教材,即对经营层的CCS讲座,对中高层管理者的MTP教程,还有就是对现场管理者的TWI教程。这三套教程均对日本产业界的复兴和再建作出了巨大贡献。

二、立法与政府主导是关键

1951—1970年的20年间,日本产业界对TWI训练的需求一直十分旺盛。这与日本政府和国会不断修正与TWI相关的法律密切相关,TWI从政府逐渐走向民间,至今为止一直经久不衰。其中,立法与政府主导是关键。

战后的日本从封建的管理模式转换到全新的产业民主主义管理模式,面临着许多困难。对广大日本企业的现场管理人员而言,他们需要专门的技术知识、专门的技能、关于一般教养和责任的知识,同时需要有一整套实施计划对他们进行现场管理技术的训练,而所有这一切,在TWI训练教程导入日本之前,都显得十分凌乱和深刻不足,需要从头开始。

日本劳动省如果要在行政部署中导入TWI训练体系,需要有法律根据。当时的职业训练(或称职业辅导)是在日本《职业安定法》中提及的,其中第30条规定,劳动大臣对工厂和企业进行的职业训练要提供援助。可是,援助什么、如何援助并没有具体规定。经过1949年5月第一次修订的《职业安定法》第30

条为:"劳动大臣除了根据劳动基准法所规定的技能培训之外,为需要对指导员工的现场管理者实施作业训练的工厂和企业提供技术援助,可以设置经过特别训练的辅导员并制作必要资料。"

劳动大臣除了各工厂和企业根据劳动基准法所规定的技能培训之外,各工厂和企业为了使员工能最有效地发挥其劳动力,对在现场指导管理员工的班组长和指导员,制定能够学习掌握指导管理所必需的知识与技能之计划,在实施之际,根据他们的要求,对派遣辅导员和提供资料等必要事项,必须进行援助。

劳动大臣对前项所规定的技术援助,可以把其中的一部分委托各都道府县的知事进行。根据这项法律的规定,在日本中央职业安定审议会中任命了专门的调查委员会,并由该委员会设立了职场辅导部门(即 TWI 部门),在委员会的成员中,有学界代表、雇主代表、工会代表等。这里的关键词"职场辅导",就是当时在劳动省中对 TWI 的代名词。在职场指导部门中,根据需要又设立了专门检讨和制作预案的小委员会。

由于当时日本人中没有一人具有 TWI 的知识和经验,即便是美国派遣军中负责此项事务的官员,也不大清楚具体实施的内容和步骤,直到 1951 年参与和负责在美国实施这项活动的专家来日本传授有关 TWI 的内容,劳动省花了大量的精力和时间来编译教材和试行。

经过修订法律之后,职业辅导有了具体内容,培养公务员中的职业辅导员也就成了当务之急,至 1950 年年底,已经有 35 名公务员作为 TWI 指导员被派遣到各都道府县政府专门从事 TWI 的指导工作。此时工作指导(JI)的讲师手册日文版已经编成,工作改善(JM)的讲师手册日文版也在 1950 年 9 月完成,截至 1950 年年底,在日本全国已经使用国费培养出 543 名 TWI 职业辅导员,由这些职业辅导员进行 TWI/JI/JM 10 小时培训的各行业受训者总数达到 15975 名,采用 TWI 训练的各行业企业总数达到 137 家。

从 1951 年 1 月开始,经过美国专家近 10 年的专门指导,TWI 训练的质量大幅度提高,TWI 训练的标准化和体系化也得到充分肯定和落实。其中指导员和辅导员制度是一个关键举措。由于 TWI 的 3 个项目(之后由日本产业训练协会补充了"工作安全"成为 4 个项目)均为对现场管理者即现场主管如班组长等的 10 小时训练,能够实施 10 小时训练的人必须获得必要的资格,如前述的职业辅导员,他们必须接受 6 天约 43 小时的 TWI 职业辅导员课程培训,经测试合格取得资格后才能被派遣到各工厂等实施10小时TWI技能培训。

培训职业辅导员的是TWI培训指导员,他们必须熟悉TWI的所有模块教程,同时有实施10小时训练的丰富经验,他们的任务是能够具体实施和担当6天TWI各项目培训教程,制作跟踪培训体系,实施初期的导入计划,指导制作如何导入TWI各项目的训练计划等。

随着TWI职业辅导员的大量产生,除了培养一定数量的TWI指导员,全面指导这项工作,还需要在政府部门的高级公务员中培养数名特别指导员。1952年6—8月,由美国陆军部和日本劳动省分担经费,第一批日本政府劳动省所属的TWI特别指导员诞生。政府主导的TWI培训活动自此迈上新的台阶。

自1949年5月第一次修订《职业安定法》第30条以来,仅经过了约2年5个月,1951年10月,日本政府又一次修订《职业安定法》,第30条为:"在职业安定局中设立现场管理者训练特别指导员和现场管理者训练指导员,在都道府县政府中设立现场管理者训练指导员和现场管理者训练辅导员。"

劳动省及各都道府县派遣上述专门职员去各企业,培养企业的指导员、辅导员,进行跟踪指导,培训现场管理者,提供必要的资料。

对各企业的训练指导员和职场的训练辅导员,在培训班结束后,对经实地检定合格者,授予劳动大臣署名的资格认定书。无资格者不能进行训练辅导员和现场管理者的培训工作。

现场管理者训练指导员和现场管理者训练辅导员都必须严格按照讲师手册进行训练工作。这样,日本政府不仅在立法程序上健全了TWI培训的地位,同时通过3个特别指导员的任命设置,全面完成了TWI的官方指导体制。

1949—1954年的5年中,TWI训练在日本从无到有,迅速发展,至1954年年底,已经在公务员队伍中培养了现场管理者训练指导员66名,现场管理者训练辅导员4 425人,为政府和民间各企业培养的现场管理者总数达到339 378人。

三、从政府逐步转向民间——日本产业训练协会的建立

1955年,在日本政府劳动省和通产省推动下,日本经济团体联合会组织成立了社团法人日本产业训练协会(以下简称日产训)。日产训的成立,使TWI和MTP培训分别从政府部门走向民间,日产训主要负责对民间大中企业的TWI培训,而劳动省和各都道府县主要对中小企业的TWI培训提供援助

服务。

经过近5年的TWI训练普及工作,提高了日本企业对TWI培训的认知度,同时,训练的良好效果也使企业有了自觉导入的愿望。劳动省开始计划把TWI训练项目逐渐转交给民间,劳动省在1956年废止了负责TWI行政服务的职业安定局,并把配置到各都道府县的70名TWI专门职员(现场管理者训练指导员和现场管理者训练辅导员)减少至17名。此外,日产训的TWI训练普及工作开始不断扩大。

但是,中小企业对TWI训练的需求仍不断扩大,进入日本战后飞跃发展的第一次高潮期神武景气(1955—1957年),出现了熟练工不足等急剧变化,要求行政方面积极对应职业训练领域。1958年7月,职业训练法开始实施,分为公共职业训练(职业辅导)、企业内的职业训练、技能鉴定三大领域。其中对现场管理者的训练属于企业内的职业训练,和技能训练分离。《职业训练法》第20条为:"都道府县和劳动福利事业团,根据雇主申请,对其实施的对技能劳动者的追加训练、再训练及对现场管理者训练等时,需努力给予以下援助:对上述职业训练,派遣受过特别训练的职业训练指导员。提供教科书、教材等与职业训练有关的资料。根据委托自行实施上述职业训练对前三项以外的内容,提供必要的支持。"

新的《职业训练法》(职训法)和前述《职业安定法》(职安法)有以下几点不同:

职安法援助是由劳动大臣牵头,而职训法改为由各都道府县和劳动福利事业团去做,体现了权力下放的观点。职安法是必须援助,而职训法改为努力支援,支援者的责任被减轻。职安法只有TWI一个内容,到职训法时,随着时代的发展,已有数种内容,TWI训练成为其中之一。

职安法规定了现场管理者的训练方式和支援方法的实施细则,职训法在法令上已没有具体实施条例,而用通知等来进行其法律解释和实施内容等。

其他如劳动大臣亲署的资格证书的交付,也改为由各都道府县的知事交付,并逐渐变成对参加资格训练者发结业证书(如日产训等)的形式。这体现了随着市场经济的深化,政府逐渐放松各种行政指导,交给有条件的企业自己去做,而对于广大中小企业,一直给予大力支持。

四、TWI 训练第四项目——工作安全(JS)的确立

工作安全的英文名称为 Job Safety(JS),通常也被称为 TWI 训练的第四项目。但是,工作安全并非美国在战争期间开发的教材,英国劳动部曾经开发过 Job Safety 的教材,把它作为 TWI 训练的一部分向企业推广并给予支援。

日本的工作安全训练项目是 1968 年由日产训开发,并由日产训保有著作权。

在开发工作安全教程的过程中,经过多次研讨,逐渐明确了以下方针:

(1) 虽然也同样是 10 小时的定型训练,基本定位成对 TWI 其他三教程的复习训练;

(2) 能够确实在职场实行;

(3) 明确本教程不是对灾害的事后处置,而是事前对策;

(4) 内容以解决问题为中心,采取 JR 的形式;

(5) 符合日本的实际情况。

其中提到的第(4)项采取 JR 的形式,具体来说,参考了工作关系(JR)处理现场问题的四阶段法,训练进行的方法也与工作关系(JR)的手法基本相同。参考采用当时英国劳动部制定的讲师手册,其背景也是英国当时已具有一定的安全意识,而日本还几乎没有。比如当时每年的灾害死亡人数,英国是约 700 人,而日本是约 6 000 人,按照人口比例进行修正,日本约是英国的 4 倍。

工作安全训练自导入日本产业界以来,一直受到产业界的热烈欢迎,从参加训练的人数看,比 TWI 的其他三个项目没有任何逊色。

今天在日本进行 TWI 训练的机构主要是劳动省、雇佣促进事业团、各都道府县政府、雇佣问题研究会和日产训。基本上仍然以政府的主导为中心,逐渐下放到民间的有关社团法人机构。

自 1958 年职业训练法制定之后,1969 年 7 月再次改正,主要改正点是把过去分成两个部分的公共职业训练和企业内的职业训练合并,建立新的共同训练基准,并分为育成训练和提高训练两个阶段,扩大了职业训练的范围。TWI 训练作为法定训练,在该法第 8 条中被指定成为提高训练中的一部分,相当于旧职业训练法第 20 条的训练内容,据此也同时确定了 TWI 培训在日本职业训练中的位置。

这一点也符合日本劳动省把 TWI 向中小企业进一步渗透的意向,包括对

其他项目的提高训练、再训练等，即有计划地推动成人教育，继续积极培养 TWI 训练指导员和辅导员，这一工作至今也没有停止过。至 2010 年，日产训共培育了 TWI/4J 训练指导员约 25 000 人，加上各都道府县为各行业中小企业培育的 TWI 训练指导员，总数超过 40 000 人，60 年来为政府和民间各企业培训现场管理者总数达到数百万人以上。

第三节　中国的 TWI 应用

一、TWI 在中国的导入与推进

（一）启蒙准备期（1997—2006 年）

1997 年 11 月 11 日，日产训和日本其他经营咨询团体一起，和当时的中国企业管理协会（现中国企业联合会）一起，分别由当时的中国企业管理协会会长袁宝华先生（原国家经济委员会主任）和日本产业训练协会会长河毛二郎先生（原王子制纸董事长）一起签署了 10 年合作协议，共同携手将 TWI 和 MTP 这两个教程及其他企业管理改善教程一起介绍到中国。这就是 TWI 教程进入中国的开始。

之后中国企业管理协会专门成立了中日经营合理化推进中心，首先在进入中国的外资企业特别是日资企业中开展 TWI 和 MTP 两个教程的培训活动。随后开展教材编译工作，其中 TWI 训练卡片的尺寸大小正好可以放入班组长和员工工作服上衣的口袋里，随时取出活学活用，养成良好习惯。在 2000 年基本完成了 TWI/JI/JR 两个项目的讲师和学员教材的编译工作。

在中国第一次实施的 TWI/JI/JR 10 小时培训，是 2001 年在天津某中日合资企业公司内进行的，日产训的佐古讲师和末永讲师分别培训了 90 名班组长，15 人一个班，分为 6 个班，每次 3 天共 18 天。对于培训前和培训后的变化做了跟踪问卷并留有记录。对于解决当时现场存在的各种问题，取得了明显的效果。可惜当时该企业的合资双方存在不少矛盾，中方对日方要求导入 TWI 培训的目的和作用均不清楚，培训结束后的跟踪活动也没有做，产生的效果在短短的几个月里就消失了，之后也没有继续开展下去。尽管如此，该公司管理层在 10 年后重新导入该教程时，当时接受过 TWI 训练的班组长们已经升任课长等职务，他们对当年的 TWI 训练仍然记忆犹新，认为之后再也没有遇到过同样有效的现场技能训练教程。

在启蒙准备期的近10年中,由于对TWI培训认知不足,讲师班的活动始终没有开展起来,且由于合作主体的会员企业基本上以国有大企业为主,国有企业对班组长层面的培训需求不清晰,所以在推广上比较受制约。

10年合作期满时,中日双方对MTP合作基本满意,办了5期MTP讲师班和多次普通培训班。但在TWI项目上,遗憾的是,由于对中国培训市场的认识不足,仅留下了一批经过初步整理的教材,以几乎无结果而告终。

(二)导入尝试期(2007年至今)

2007年11月,日产训开始在中国寻找新的合作伙伴,希望美国和日本政府主导的TWI训练活动经验能够在中国再现,并能够在企业现场班组长的管理层面把TWI培训教程作为最有效的训练项目加以普及。此时,面临的最大问题仍然是中国并没有多少人知道这个教程,需要做大量的普及宣讲工作,以便使包括政府有关部门在内的各界人士,能够知道和理解这项普及工作需要更多人一起去完成。

其中,上海杲尚商务咨询有限公司是日产训在中国民间的第一个合作伙伴,该公司是一家年轻的企业,近5年来日产训和卓制公司一起,在中国各大城市举办了多次TWI高峰论坛,向近1 000名制造业经理人宣传了TWI的理念。TWI已经被越来越多的中国制造业经理人所知晓,企业认识到TWI培训所能带来的好处,并开始了解企业一线主管的培养唯有通过TWI才是一个便捷、有效的途径。

在日产训近60年推广实施TWI的经验中,最重要的仍然是TWI讲师班(TWI/TTT)事业。据不完全统计,至2012年6月底,日产训在日本共举办了JI/TTT 568次,JM/TTT 419次,JR/TTT 506次,JS/TTT 310次,培养了有资格的TWI讲师(辅导员)约25 000余人次(每个人最多可获得4个项目的资格),具有丰富的经验和标准化的培养程序。自2007年末第一个中国TWI讲师班开班以来,日产训在中国的合作伙伴已增至10家之多,共同分享实施TWI培训的硕果。5年来,共举办了32次TWI/TTT培训班,培养了有资格的TWI讲师(辅导员)约400人次,间接受训者20 000人次以上。

另一方面,TWI训练项目的核心就是政府主导,制造业、服务业乃至整个产业界全体跟进响应的成功理念。TWI是提高一个国家的制造业、服务业整体水平的基础培训项目,唯有政府重视,使广大的中小企业受益,提高管理水平,提高产品的品质,由小到大蓬勃发展,更好地促进和大企业间的良性竞争,才能相互促进,相互提高,共同成长。

2009年,国家工业和信息化部中小企业发展促进中心,中国中小企业国际合作协会和社团法人日本产业训练协会正式携手合作,共同面对广大中国中小企业开始实施TWI培训事业,并明确将努力争取国家经费的支持,使广大中小企业也能分享TWI培训项目的硕果,使中小企业健康成长,重新展现TWI在世界第一和第二经济大国的政府支持下获得成功的好经验。

至此,TWI推广工作经过多年曲折,终于开始进入主题,或将进入政府主导的新局面。

(三) TWI经典案例(B公司应用)

1. 公司介绍

B公司,是一家在香港上市的中国内地民营企业,总部设于广东深圳,主要从事二次充电电池业务、手机部件及组装业务,以及包含传统燃油汽车及新能源汽车在内的汽车业务,同时积极拓展新能源产品领域的相关业务。巴菲特的投资表示了对该公司发展前景和品牌价值的认可。

2. 上海B公司

目前,上海B公司已是松江地区的主要大型企业之一,员工5000多人,产品种类包含二次充电电池、太阳能组件、塑胶件。"平等、务实、激情、创新"是公司文化的核心价值观。公司的目标是:立足高新科技,致力于发展成为中国乃至世界一流的、专业的IT精密零部件和汽车整车产品与零部件制造商。这也是每一位公司员工孜孜不倦的努力方向!

3. TWI导入背景

2009年上海工厂开始组建高能量自动生产线,在生产过程中发现,员工操作技能满足不了设备的操作要求,气缸、电缸、联动电机、电控程序等,员工都理解不了,编写的作业标准也只是表面知识无法起到指导作用。旧的训练方式导致现场员工作业标准多样化或无标准,标准不适用等问题影响员工技能一直无法提升,给现场管理带来不稳定因素。

为了解决这些问题,公司引入外部帮助,学习了以注重实践、尊重人性为基本理念的训练方式——TWI-JI。

图 4-1 为上海 B 公司 TWI-JI 的培训的过程图。

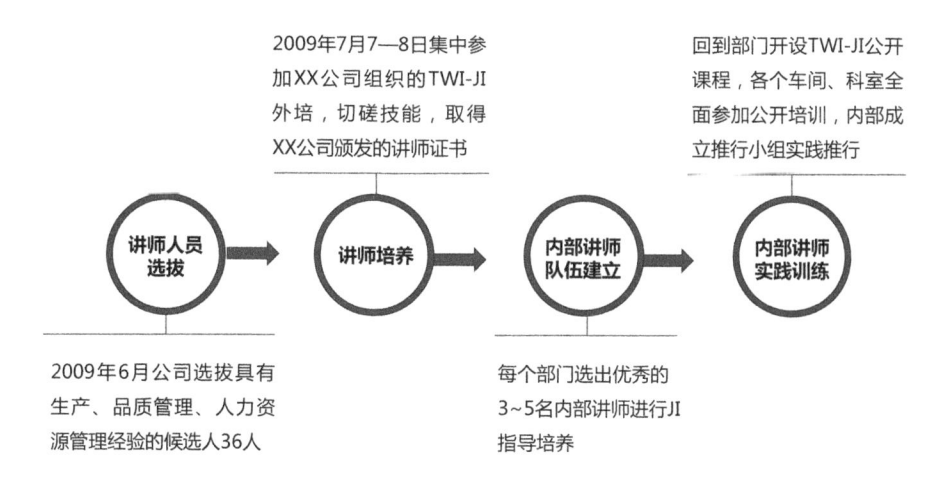

```
讲师人员选拔 → 讲师培养 → 内部讲师队伍建立 → 内部讲师实践训练
```

讲师人员选拔：2009 年 6 月公司选拔具有生产、品质管理、人力资源管理经验的候选人 36 人

讲师培养：2009 年 7 月 7—8 日集中参加 XX 公司组织的 TWI-JI 外培，切磋技能，取得 XX 公司颁发的讲师证书

内部讲师队伍建立：每个部门选出优秀的 3~5 名内部讲师进行 JI 指导培养

内部讲师实践训练：回到部门开设 TWI-JI 公开课程，各个车间、科室全面参加公开培训，内部成立推行小组实践推行

图 4-1

从图中可以看出 B 公司对 TWI-JI 培训的重视，向上海某咨询有限公司的讲师学习取经，然后进行内部培训。

4．讲练结合，学以致用

B 公司关于 TWI-JI 的推行实践分五步：

（1）制定 JI 推行项目计划；
（2）建立指导者队伍；
（3）制定标准作业分解表；
（4）培训标准作业分解表；
（5）项目成果检验总结。

根据计划开展实践，定时组织各车间班组长评估，交流推行效果，记录推行亮点，逐渐实现现场训练体系的标准化的目标。

50 个工作日建立指导者队伍：部门经理为推行总长，各车间设立推行干事，自上而下，形成上下贯通的推行组织，各级领导参与推动现场一线班组进行实践。

通过图 4-2 可以清晰地看到各车间学员的培训过程，讲解演练辅导相结合，理论实践一体。让每一个学员都真正理解一线主管的责任，熟练应用训练预定表、作业分解表、工作指导四阶段法，真正做到学以致用。

训练预定表讲解　　　作业分解演示　　　四阶段法演示

训练预定表练习　　　学员演练　　　　课后辅导
　　　　　　　　作业分解+四阶段法

图 4-2

图 4-3 是学员通过 TWI-JI 讲师认证的留影。由内部讲师与公司管理者组成评委,考核每位学员作业分解表编写及四阶段法应用情况,合格者颁发公司内部讲师证书。共 106 人受训,培训课时 120 小时,学员对课程满意率 90.6%,考核合格率 86.79%,实际案例演练 90 分以下人员 14 人,安排再次接受指导。

图 4-3

在教导老师的帮助下，B公司工厂意识到首先要搞清楚要掌握什么技能，盘点工厂现场的操作工技能需求。公司了解到以下五项为岗位应会知识技能：安全操作规程，岗位操作技能——SOP，维护现场环境和设备的5S，对不良品的识别，设备异常、小停机的处理。

图4-4为编写标准作业分解表过程：

图 4-4

由图4-5可见：为了保证技能的连贯性和精确性，规划和加强标准化作业是关键。标准化作业需由班组长和员工一起协作完成，通过观察员工工作的方式，讨论选取最简单、有效、轻松的作业方式制定标准，而非一人的经验之谈，让员工心甘情愿地执行标准。

图 4-5

由图 4-6 可见：评审活动采取一对一的教学训练活动，一线班组长为指导者，各方领导为学员，确保教材能够使用。

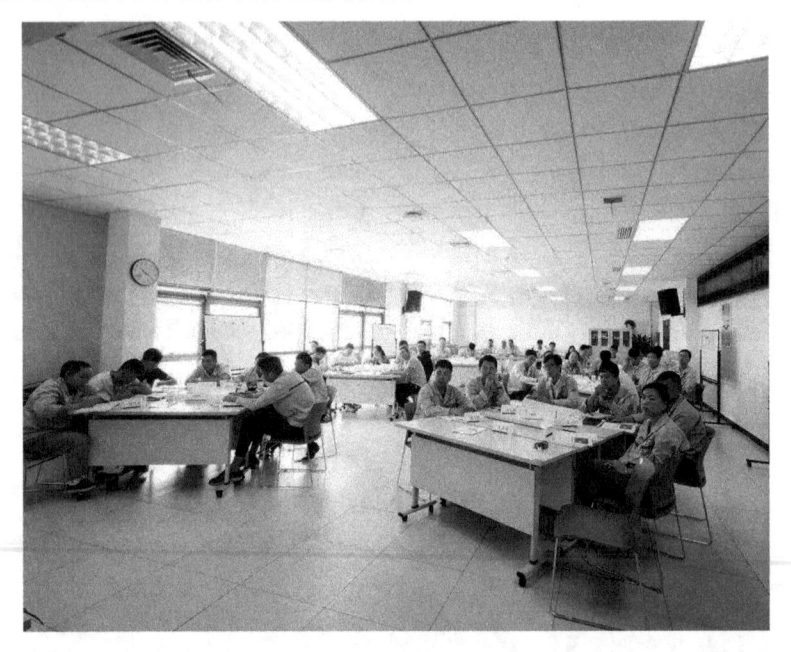

图 4-6

由图 4-7 可见：通过现场指导者的四阶段法训练，评审团队快速掌握操作的步骤、要点、理由，给出改善建议。指导者综合员工意见进行修改，并发给评审团队再次评审。

图 4-7

建立教材制作与管理文件库,教材更新追溯记录,每月最后一周为教材更新周,并将更新后的标准文件放到项目数据平台,进行系统管理。

"48个工作日培训标准作业分解表"包括:①项目岗位技能培训计划。②各班组培训计划:每周五为培训计划拟定日,拟定下周培训计划,计划包括技能类及知识类的。③新员工培养计划:讲解与实操相结合。

由图4-8可见:有了以上的培训计划,接下来就是按照计划进行培训实践了。用30个工作日进行学习准备-传授工作-尝试练习-检验成效的整套实践执行培训。现场指导学习,让一切理论更具有实践性。发现问题记录问题,用咨询公司的讲师传授的TWI-JI方法解决问题。不断练习尝试,最终看到成效。

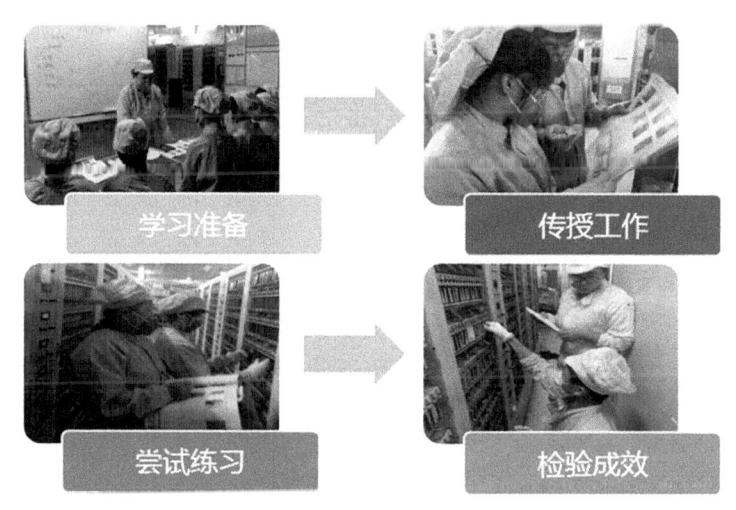

图 4-8

5. 效果验收

效果验证需在培训3天后一周内进行;

首次验证由指导者验证,不合格的需二次培训;

二次认证由推行干事认证。

表4-1、4-2为成果验收:

表 4-1

指标	开展前	目标	现状
JI 推行制度	无	有	有
班组长 JI 培训率	2%	95%	100%
班组长 JI 认证率	2%	85%	87%
指导者人数占比	0%	10%	26%
标准作业分解表覆盖率	32%	95%	100%
训练预定表应用	0%	100%	100%
JI 方法使用率	0%	90%	92%

表 4-2

员工岗位技能验证合格率		
教材项	4月合格率	12月合格率
岗位操作	36.14%	83%
安全操作规程	63.87%	98%
5S	36.14%	87%
不良产生及影响	70.59%	96%
设备小停机报警处理流程	56.2%	94%

通过项目目标达成及员工技能合格率的数据可看出,无论是一线主管还是员工对 TWI-JI 都是认可的。

图 4-9 里学员们沉浸在轻松的培训氛围中。一个公司的活力离不开每一个员工的积极配合,B 公司在 TWI-JI 培训中让员工、讲师在思想上接受 JI,营造(员工-讲师)轻松活跃的氛围,推行人员定期组织员工、讲师开展班组文化建设、沟通交流会、"教师节"活动、茶话会、拓展训练等。

对于一个公司来说最大的人员收益莫过于员工意识的转变。通过对 TWI-JI 的推行,注重学员的立场,使学员意识转变,从被动学习到主动学习,大大提升了培训效率,新员工培训周期缩短,员工稳定性增强,多、全能工越来越多,从而使现场井然有序且能灵活运转。

图 4-9

6. 激励共勉,实现人才计划

经过前面项目的推行,在后来的持续推行中,2013 年 10 月与 TPM 教育训练结合总结出一套适用于生产现场的体系(制定计划→指导者培养→作业标准的编写→作业标准的评审→培训标准→培训效果跟进→技能可视化矩阵),并横推其他部门。实时监查现场教育训练结果。

图 4-10 为 B 公司的激励制度。体系的执行离不开审计,同样离不开激励,没有激励制度,现场执行只会趋于表面形式,很难深入开展,故制定了员工-讲师的奖励制度。

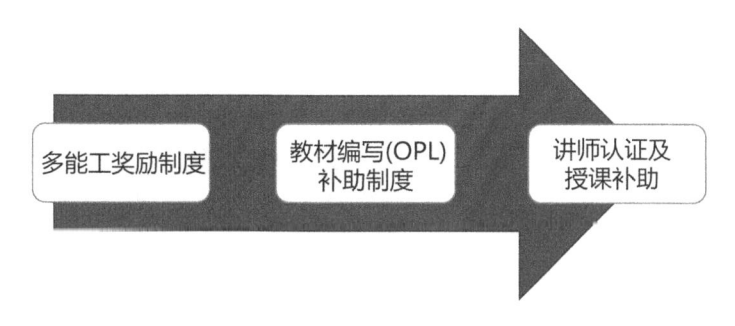

图 4-10

图 4-11 是讲师们在"教师节"分享培训心得。每年在"教师节"这天 B 公司会开展"心系现场,感恩讲师"活动,交流 JI 心得,激发大家的工作激情。

图 4-11

图 4-12 是员工后续发展规划图。给员工成长的空间,才能吸引员工发挥才能,生产效率更高,现场问题减少,为自身、团队和公司创造更大的价值。有了好的员工,更需要提供好的发展平台,让员工有提升欲望,技能提升后有用武之地。计划开发出除管理路线以外的员工后续发展路线。

2010 年 10 月起,根据公司发展需求及员工技能稳步提升,正式实施操作工晋级路线,每年有 4 期晋升机会,给员工希望,留住人才。

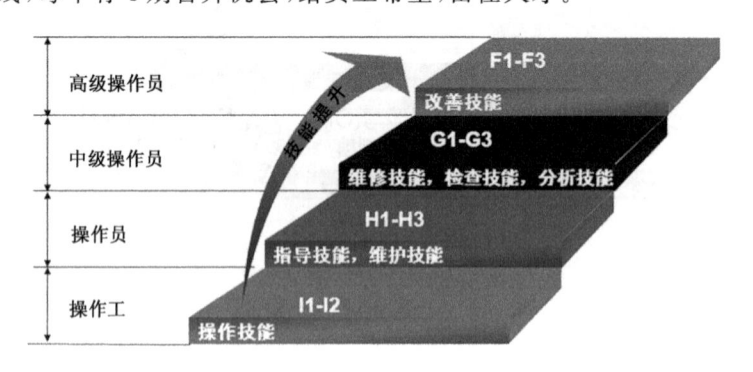

图 4-12

第三篇　课程设计内容

- TWI 课程体系建设
- TWI 课程设计实例
- TWI 课程实训师定位

第五章 TWI课程体系建设

第一节 实训体系的建设目标

聚焦"安全、服务、效率、效益"主线,遵循精益管理关键理念,创新提出"四体系一平台"的TWI实训建设目标,致力于培养"一专多能""一岗多能"的复合型人才,助力公司配电网智能化建设和数字化转型。

一、建立波浪式覆盖的实训师资认证体系

以培养一流配电网人才为目标,借鉴波浪覆盖原则,建立总培训师、培训师和实训员三层TWI实训师资队伍。通过总培训师接受外部专业机构TWI授课技能、上一级培训下一级TWI授课技能的教学体系,达到实训标准统一、实训效果有效保证、实训范围快速覆盖的成效。

二、打造一套标准统一的OS课程体系

以规范化的作业标准书OS为培训范本,系统梳理配电生产类、管理类、仿真类等专业培训流程,并制定实训项目时间、工作内容、工作步骤、安全器具等标准,对实训课程进行系统化设计,实现课程体系的标准化、技能培训的精益化。

三、形成一种争学技能的实训管理体系

建立TWI实训管理办法,将实训的绩效指标纳入个人岗位调整、单位评优争先,与实训管理、培训考核结果挂钩,设置薪酬制度调整的基本要求,促进员工认真落实TWI实训。

四、构建一个虚实结合的高效率培训平台

立足公司配电网工作实际,在TWI培训体系中开发多种培训方式,虚实结合,打造TWI实训自助平台和TWI实训现场,确保公司和各生产单位因地制宜、有的放矢地组织和实施培训,充分发挥员工主观能动性,做到培训手段丰富有效。

第二节 实训体系的实现方式

在梳理总结配电网管理目标和现状的基础上,提出了虚拟现实仿真实训、

"互联网+"共享性实训方法,形成了以 TWI 特训营、缺陷大家讲、厂家专业指导培训的 TWI 现场实训实现方式,培养出一批具有较高专业水准的 TWI 实训师,提升了员工的精益化管理水平,助力配电网数字化转型。

一、构建虚拟现实仿真实训

通过虚拟现实技术,开发配电网仿真实践教学系统,在实训基地建设"虚拟配电网",使员工可以在实训室完成"授课—训练—考评"等教学课程。特别是一些大型配电网工程实训,由于实际工程周期长、实训场地规模庞大、投资较大,更需要借助"虚拟电网",使员工快速熟悉业务流程,提升工作效率。同时,应用三维可视化、BIM 等技术建立关于配电网领域的数字沙盘、实体沙盘和虚拟仿真教学实训系统,提升配电网管理人员的现场工作体验,快速掌握配电网管理过程及典型指标要求及相关技术要领。

二、构建"互联网+"共享性实训

依托互联网技术,创建开放共享的实训资源生态。建设主体上,积极吸纳行业、企业、政府参与实训教学资源的开发建设,突破实训场地限制,建立开放、共享的线上实训模式。在运行理念上,线上实训平台需建立融合学生知识偏好、就业意愿等多元数据分析库,因人而异制订针对性和个性化的实训教学内容。在教学形态上,建构技能训练、管理创新、要素共享一体化的网络体系,优化提升实训基地的知识生产功能。总之,利用"互联网+"思维,使实训教学成为员工自主学习、培养创新思维和创新能力的有效途径,提高实训体系资源配置和重组能力。

三、构建 TWI 现场实训

TWI 现场实训主要包括 TWI 特训营、缺陷大家讲、厂家专业指导培训。

(一)TWI 特训营

开展 TWI 特训营活动,实现员工理论、技能水平"双提升"。

新进、转岗员工分阶段、分批次在 TWI 实训营进行集中培训。在 TWI 培训师的指导下,员工按照作业标准书中关键步骤进行仿真模拟,直至达到作业标准的要求。TWI 实训营配备了实训专业所需配电网设备、工器具等,员工能够研究配电设备结构、操作配电自动化主站模拟盘,实现理论和技能水平的双提升。

（二）缺陷大家讲

以设备单元为要素，建立输变电设备典型缺陷库，为继续提炼核心项目和不断完善核心项目作业标准书内容奠定基础，形成培训来源于工作再反馈给工作的 PDCA 循环。

搭建"缺陷分析深入谈，人人都是培训师"的平台，以点带面，将输变电设备典型缺陷库与现场工作有机结合，拓展大量设备原理和现场经验。通过讲缺陷、学缺陷、研究缺陷，员工变被动为主动学习，全面拓展业务知识，持续改善核心项目作业标准书，快速提升员工综合素质水平，培养复合型人才。

（三）厂家专业指导

通过"请进来、走出去"，把握生产厂家技术人员驻站期间，一线员工主动开展现场培训，同时，选派优秀员工到厂家学习，提高工作现场的工作水平，为继续提炼核心项目和不断完善核心项目作业标准书内容奠定基础。

一线生产人员积极把握工程建设、安装、调试的关键节点，向工作现场厂家高层次技术人员学习。通过短时间内认真观摩、组织研讨、实践操作等寻找工作最佳方法，进一步将理论与实践有机结合。选派优秀后备人才、生产骨干到 ABB、沈阳开关等先进生产厂家学习设备结构、设备制作工艺、设备选用材料等专业技术，深入了解设备性能、设备原理、运维技术，拓展业务知识，增加岗位业务技能，持续改善核心项目作业标准书，全面提升岗位技能水平。

第三节　实训优势和体系升级

与常规培训方式相比，基于 TWI 的配电网实训课程具有如下优势：一是引入虚拟现实等先进技术，创新 TWI 应用形式，个性化设计配电网典型场景；二是立足生产实际，根据岗位任务，系统分解工作任务和作业指导书，以精益化管理为导向，被教导者能够快速掌握工作技能；三是具备自我完善机制，迭代优化开发课程，减少理论与现实的偏差，提高工作效率；四是促进员工沟通，解放教导者、激励培训者，激发员工创新创造热情，增强企业活力。

通过分析配电网技能培训内外部形势和压力，引入 TWI 实训理念，开展基于 TWI 的实训课程体系建设，减少技能培训工作受培训时间、地点、专业、教材等因素的约束，帮助员工掌握系统化、规范化、标准化的岗位技能，大幅提升劳动生产效率。

第六章 TWI课程设计实例

为了提升员工的培训效果和培训热情,通过新的工作方式调动员工的新鲜感和积极性,更好地为企业服务。本章详细介绍TWI思想理念,将TWI与配电网实际工作结合,探索新的培训方式,在此进行详细思路的描述,通过跟着编者的思路,你会了解如何形成一个新的TWI实训课程的过程,以及在探索过程中应用的方法工具。

第一节 课程设计过程

将TWI思路引入配电网工作中,将配电网领域专业工作分类并按照关联性进行设定,例如在配电自动化专业领域配电自动化系统的应用这一场景,在专业工作中按照TWI思路形成定向典型场景,对该场景进行作业标准书(课程表格)设置。同时,在教导者制作课程表格时,可以通过对"生产+"储备库的模糊检索,得到相关类别TWI实训课程,通过对这些TWI实训课程的学习,理解掌握TWI核心思想,类比得到多场景TWI成果。

案例一 故障指示器检测

检测实验室是2018年单位落实上级公司党委会要求,打造国内领先的配电自动化终端检测实验室,于2018年6月30日建成的。8月完成"三线一库"168测试,11月完成全部标准装置的计量溯源和功能比对,通过中国电科院认证,得到总公司、省各级领导认可和有力的专业支撑。在此以检测实验室为例,选取实验室故障指示器检测。

第一步,了解实验室内外环境(表6-1)。

不管是初涉职场,还是调到新岗位,都需要尽快了解环境并且融入进去。身在职场,有三分之一的时间是在工作环境中度过的,越快了解所处的环境就越助力专业人才培养。

(1)了解公司内部和周边环境。如了解公司内部组织结构以及所在的位置,了解公司周围的超市、车站等信息。这些都能帮助员工节省时间,提高效率。

(2)了解公司的企业文化和规章制度。一个公司的企业文化并不是写在纸面上的"企业文化",而是一种工作氛围、工作观念、工作态度等。新人必须尽快融入这种企业文化中才能不被淘汰。公司的规章制度更是员工必须遵守的。

(3) 了解公司的人际关系。不管在哪,都少不了和人打交道。特别是职场中,各种关系微妙,要多留心观察,多和同事谈话了解情况,找到各种人际关系的关键所在。更要谨慎言行,不至于说错话引起矛盾。

(4) 了解工作职责和性质。这是重中之重,是能否立足公司的关键。要充分了解工作岗位的职责,保证工作尽善尽美。

表 6-1 实验室环境

实验室内部环境	
 (图)	实验室建筑面积 1 600 m²。分为 DTU/FTU、配电线路故障指示器和 TTU 三条检测线。拥有故障指示器、TTU 储位 1 100 个,FTU、DTU 储位 196 个的立体仓库和智能仓储系统
实验室内部环境	
 (图)	设计年检测能力:故障指示器 52 000 套,FTU 5 000 台,DTU 2 000 台,TTU 20 000 台。经实际运行,实际日最大检测量为故指 150 套,FTU 30 台,DTU 18 台
实验室设备工位分布图	
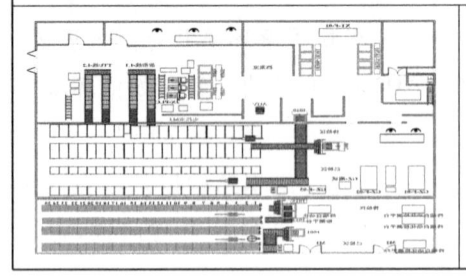 (图)	实验室工位情况和设备分布情况,分为 2 层。一层为待检区(含库前区)、已检区,二层面积较一层大,分为电控室、档案室、主控制室和检测流水线等

通过对工作环境的掌握,我们可以从运用 Visio、构建空间立体图的方式快

速了解记忆工作环境,掌握工作信息。

第二步,掌握必要知识内容(表6-2)。

(1) 规章制度首先是应用于标准化管理。即制度可以规范员工的行为,规范企业管理等。比如:有着全面完善的规章制度,公司内部员工工作积极性可以得到广泛调动,因为不会出现有人干的工作少而拿到和平日经常加班的同事一样多的薪金待遇;这也是出于人力资源的考虑,员工最注重的因素——发展和公平。公平就是靠制度来体现的。

(2) 有些企业的规章制度是应用于标杆管理,即制度中明确指出公司的发展目标,指出面向此标准所要做到的项目。

(3) 规章制度还有一个很重要的作用,就是政策应对。比如发改委要求的项目基金的申报材料中,有一项就是公司政策及管理制度,必须有着非常完善的企业规章制度才可能申请到国家的项目基金支持。同理,许多项目竞标也都需企业提供本公司的规章。这是考核标准之一。

(4) 完善的规章制度可以得到合作伙伴的信任,容易赢得商业机会。

表6-2 实验室工作理论准备

	知识类别	内容
1	规章制度	《检测实验室检测规程》等
2	安全教育	《国家电网公司电力安全工作规程》等
3	设备知识	《配电自动化基础知识》等
4	操作运行	《AGV操作维护手册》等

在工作时间外,需要员工理解掌握规章制度文件、安全教育文件、设备知识及操作运行说明书手册等内容。

第三步,梳理工作流程。

在一般的员工教导过程中,需要员工了解故障指示器的功能、原理,检测的具体内容和检测指标要求(本章附录1)。本案例选取暂态录波型故障指示器为例,通过对故障指示器的使用条件、技术要求、选型原则、试验项目及方法的梳理,结合实验室检测环境,对故障指示器350多条检测步骤进行归纳总结,优化提炼形成如表6-3所示步骤。

表 6-3 故障指示器检测流程

步骤		操作内容
1	自动检测入库前	①将厂家故障指示器放入库前区,确认入库数量,办理相关手续
2		②询问厂家故障指示器汇集单元地址和汇集单元的232通讯端口的波特率
3		③调试完毕准备在1015工位入立体库,把故障指示器放入托盘,采集单元挂装在铜管上,连接好323线和电源线,各种线材放置规整,不要超出盘体
4		④点击PAD上的拆箱绑定,先扫托盘的二维码,再扫故障指示器的二维码,待提示托盘已绑定设备后,按入库确认按钮,托盘自动入库,告知实验室人员准备开始检测。一次可检测16台故障指示器
5		⑤台体开机,依次为总电源→三相源→标准表→录波仪→电子负载1→电子负载2。完成后通知检测人员检测
6	自动检测中	①主页面点击检测项下的故障指示器检测,选择厂商,选择故障指示器类型,输入检测数量后点击开始检测
7		②设备信息表填入汇集单元地址;表位信息表填好故障指示器的波特率;在摄像头维护项配置好厂商信息、硬件型号、台体相机配置文件路径
8		③在测试案例项选择自动测试,测试方案选择架空外施型或者架空暂态特征型,根据实际检测的设备型号选择
9		④等待测试结束,合格或者不合格的会自动回库
10	自动检测后	①检测结束后软件会自动回库
11		②回库后在库前区用PDA点击故障指示器出库选择,合格项出库,不合格产品进行二次调试检测
12		③出库后通知厂家打包,准备出库
13		④询问厂家发货数量,手续齐全,可以发货

将上述步骤进行打乱、归纳和重新排列,形成操作标准书。

检测主要流程为预约计划→收货库前→外观检查→扫码入库→参数设置→方案选择→开始检测→结果报告(详细见图6-1)。通过5W1H思考。

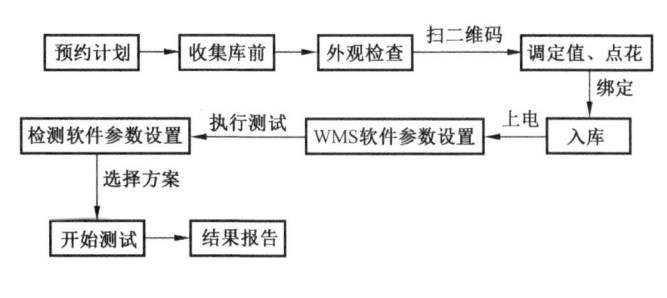

```
预约计划 → 收集库前 → 外观检查 --扫二维码--> 调定值、点花
                                                    ↓ 绑定
检测软件参数设置 <--执行测试-- WMS软件参数设置 <--上电-- 入库
         ↓ 选择方案
       开始测试 → 结果报告
```

图 6-1

1. 对象（What）

解决做什么的问题，即目标问题。

问：员工要进行什么工作，主要面向什么，为什么要做这件事？里面需要什么步骤，这件事在工作中有什么用处，不进行该项工作可行不？如果本项工作完成了能有什么结果，未完成怎么解决？

答：对实验室的暂态录波型故障指示器进行自动检测，而向配电网安装在电力线（架空线、电缆及母排）上指示故障电流的装置。大多数故障指示器仅可以通过检测短路电流的特征来判别、指示短路故障。我们通过检测实验室检测，确保设备入网前是标准的合格的产品，确保从设备源头上百分百合格。在自动检测过程中主要依靠计划方案进行，通过智能立体仓储系统、WMS 系统等。故障指示器检测是实验室配电设备检测的一项重要工作，在环网配电系统中，特别是大量使用环网负荷开关的系统中，如果下一级配电网络系统中发生了短路故障或接地故障，上一级的供电系统必须在规定的时间内进行分断，以防止发生重大事故。通过使用本产品，可以标出发生故障的部分。维修人员可以根据此指示器的报警信号迅速找到发生故障的区段，分断开故障区段，从而及时恢复无故障区段的供电，可节约大量的工作时间，减少停电时间和停电范围。通过检测实验室百分之百入网全检，确保设备入网百分之百合格。如果检测过程中发现不合格设备，要查明原因，及时整改，全力确保配电自动化设备安全可靠。

2. 场所（Where）

解决在哪里做的问题，即环境问题。

问：检测是在哪里进行的？为什么要在这个地方进行？换个地方行不行？到底应该在什么地方进行？这是选择工作场所应该考虑的。

答:在检测实验室,在检测过程中,会涉及 10 kV 高压及其他危险点,需要确保工作人员安全,且在进行大量设备集中检测时,中心检测实验室设置有智能立体仓库,可以存储中转传送设备,具备良好的功能和能力去完成工作,有助于检测时间的缩短和检测效率的提升。

其中智能立体仓库共包含 8 排储位架,储位架 1~4 排放置 TTU、DTU 的储位,5~7 排为故障指示器储位,8 排为 FTU 储位。多数情况下,故障指示器要从 1014 工位进行入库,通过堆垛机进行入库操作和存取调转,进入故障指示器检测线的 16 个工位上进行功能检测,检测合格则自动回智能立体仓库,不合格则进入 2001 工位,等待人工进行复检(图 6-2)。

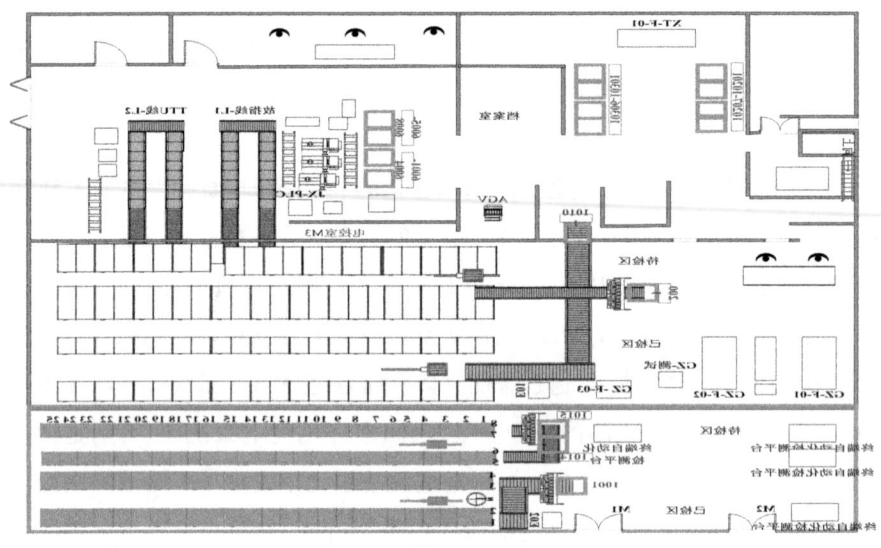

图 6-2

3. 时间和程序(When)

解决什么时间做的问题,即起点问题。

问:这个工序是在什么时候进行的?为什么要在这个时候进行?能不能在其他时候进行?把后工序提到前面行不行?到底应该在什么时间进行?

答:根据检测项目的内容(表 6-4),发现主要分为外观检测、性能试验和功能试验。在顺序上,外观检测更为直观可视,更容易操作,所以实验室设置库前区,用于将厂家发至实验室的设备进行拆箱放置,同时,按照检测标准规则对外观、编号进行检查核对,铭牌整洁清晰无损伤,标识是否正确,我们用 PDA 进行扫码与托盘绑定,在这里需要注意的是其二维码是否具备唯一性。功能试验和性能试验在自动检测中,通过对WMS软件、检测软件进行参数设置,实现检测流水线自动化运转,具体设置需要比对规范并结合实验室环境进行精准设置。

表6-4 测试项目一览表

序号	测试项目		技术要求
1	外观检查及类型辨识		装置外观应整洁美观、无损伤或机械变形,封装材料应饱满、牢固、光亮、无流痕、无气泡;外壳应有足够的机械强度;外形尺寸、无件焊接等应符合产品图样及有关标准要求
2			使用环境;使用场所;样品功能;报警类别;故障检测
3	故障报警性能试验	短路故障报警动作值误差测试	电流元件:≤±20.0%
4		接地故障报警动作值误差测试	
5	故障报警动作试验	短路故障试验	装置应连续可靠报警
6		接地故障试验	
7		线路突合负载涌流试验	装置应连续可靠不报警
8		非故障相重合闸涌流试验	
9		负荷瞬时突变试验	
10		人工投切大负荷试验	
11		空载合闸励磁涌流试验	
12	电流采集误差试验		电流采集误差:≤±5.0%
13	功能试验		装置应具有故障显示;报警远传、自动复位等功能
14	工作电源检查		指示器正常工作时电流不大于100 μA;电池标称容量不小于2 000 mAh
15	温度影响试验	低温(−40 ℃)试验	装置通电,保持试验温度2 h后性能功能符合相关要求

续表

序号	测试项目		技术要求
16	温度影响试验	高温(+70 ℃)试验	装置通电,保持试验温度2 h后性能功能符合相关要求
17	绝缘性能试验	绝缘电阻	≥20 MΩ
18		介质强度	承受历时1 min的AC 2 kV的耐压试验,无击穿闪络及损坏现象
19	湿热性能试验[交变,2 d(48 h)]		高温40 ℃,低温25 ℃,相对湿度93%试验后装置绝缘性能应正常;恢复至正常环境条件,能电操作应正常
20	IP防护试验(IP65)		防尘试验(IP6X)
21			防喷水试验(IPX5)
22	机械性能试验	振动耐久试验	承受严酷等级Ⅰ级的振动耐久试验,试验后机械结构无损伤,能性功能符合相关要求
23		自由跌落试验	承受1.0 m高度的自由跌落试验,试验后样品机械结构无损伤、松动和元器件脱落,性能能符合相关要求

4. 人员（Who）

解决谁负责的问题,即事件的主体问题。

问:这个事情是谁在进行？为什么要让他进做？

答:实验室设有检测班组,班组进行详细的职责划分,分为库前区入库专责、入库后有检测专责和手动检测专责。

5. 为什么（Why）

解决为什么要做的问题,找出理由,可以获取广大支持。

问:为什么采用这个点表设置？为什么不能有变动？为什么不能使用？为什么变成红色？为什么采用机器代替人力？为什么非做不可？

答:变电站的信息点表是用来采集变电站运行、监视数据的具体点位的汇总表。应该包括下列内容:

(1) 设备运行状态点:间隔的开关(断路器)、刀闸(隔离开关)的状态点即开关刀闸的名称及其辅助接点。

(2) 设备运行参数点:母线电压(包括相电压、线电压)、频率;电源进线的电压、电流、有功功率、无功功率;各负荷间隔的电流(变压器可以要高压侧电流,也可以高低压侧都要)、有功功率、无功功率;母联间隔的电流。

(3) 设备计量参数点:电源进线的有功、无功电能;负荷间隔的有功电能。

无特殊要求的话,以上这些点的内容应该可以满足运行监控的需要了。

6．方式(How)

解决怎么做的问题,就是方法问题。

手段也就是工艺方法,例如,我们是怎样做的? 为什么用这种方法来做? 有没有别的方法可以做? 到底应该怎么做? 有时候方法一改,全局就会改变。

本章附录1：

故障指示器操作标准书

单位部门	标准书编号	工序名称	场合	用时/人次	编制	校对	审核	批准
配网技术研究部		故指检测	实验室					制定日期

	检测项目	内容
工作内容	外观检查	铭牌清晰，ID号唯一，外观整洁无损伤（PDA二维码）
	功能试验	短路和接地故障识别（识别动作短路故障并动作，能自动复位），防误动报警功能（不应误报警，数据存储，参数存储和修改，日志远程查询等功能）
	电气性能试验	短路故障报警启动误差不大于10%，最小可识别故障电流±3A；100~600，±3%，负荷流程精度（0~100，±3A；300~600，±1%），启动持续时间不大于40 ms，录波稳定精度（0~300，±
	检测	检测方式：全自动检测，手动全项检测，手动单项检测；设备通讯连接，点击开始检测
	完	出检测报告
	注意	PDA，包括出库-包装解绑，厂家装箱；设备断电；WMS系统，智能仓储管理系统，包括注册空托，空托出库，拆箱绑定，包装出库，包装解绑，发货退货

	管理及检查项目	检查方法	备注
1	PDA是否有电	定期开机	
2	WMS软件	登录检查	
3	检测软件	登录检查	
4	堆垛机	定期运行	

步骤要点：

WMS 开始检测：
- 入库前外观检查、调整绑定、点表、检测安排
- 设备上电：总电源，测试系统，智能仓储电控柜
- PDA-1015工位入智能立体仓库
- 货架查看传输类型、设备类型、检测数量
- 点击执行测试，故指从立体仓库进入检测线

开始检测：
- 设置参数：表位信息，摄像头信息，系统参数表，三遥配置
- 方案选择：架空外施型故障指示器型号传故障指示器（YYL），架空暂态录波型故障信号远传故障指示器（YYZ）

流程：预约计划 → 收集库前 → 检测软件参数设置 → 选择方案 → 开始测试 → 结果报告

扫二维码 → 调定值、点花 → 绑定 → 入库
外观检查 → WMS软件参数设置 → 上电 → 执行测试 → 结果报告（采集单元接线，采集单元信息，智能仓储电控柜，机器人）

案例二　同期线损指标作业管理

线损及其产生的原因：电力是现代经济社会发展的核心动力，电力系统含发、输、变、配、用等环节，电量从发电厂传输到用户过程中，在输电、变电、配电和用电各环节中均会产生电能损耗，形成线损，直接影响电网企业生产经营效益。

线损由技术线损和管理线损组成。技术线损是指电能在传输过程中，经由输变配电设施所产生的物理损耗。管理线损是指电能在管理经营过程中由于窃电、表计误差、抄表、统计等人为因素造成的损耗。为了实现线损精益化管理，基于电网设备拓扑关系信息，提出了"分区""分压""分元件""分台区"四分同期线损计算模型并实现自动配置，满足总部、省、市、县、供电所各级单位线损多元化管理需求，为电网规划、设备改造提供参考依据，支撑公司加强智能电网、现代配电网建设。

在传统管理模式下，受抄表手段制约，供、售抄表不同步现象不可避免。导致公司线损率呈现"大月大、小月小"的波动趋势。线损波动问题更加复杂，统计线损率严重失真，不能客观反映电网的经济运行和企业管理水平。

同期线损系统实现了跨专业融合、全线上集成、零人工录入、全链条贯通，基于问题导向实现了层层穿透、闭环管控，打破了信息壁垒，构建了一套齐抓共管的协同作业模式，推动基层发展、调度、运检、营销、计量等各个专业协同融合与友好互动，实现了整体管理提升。

同期系统运用人工零录入、在线监测、统一平台、专业融会贯通、开放共享、图形可视化等一些朴素的物联网思维，率先实践了泛在电力物联网的建设与应用。

（一）名词解释

1. 分压线损

分压线损模型中，明确了供电单位、供电电压、受电单位、受电电压等属性，区分各个电压层级互相转入转出电量，有助于各单位针对性开展降损改造，同时为分电压核算电价提供数据支撑。

分区线损：开展分区同期线损管理为有效核定各电网企业成本空间，制定利润、电量等核心业务绩效考核指标等方面提供更为客观的基础支撑，为标准化、差异化制定不同类型基层单位经营目标提供更加准确的数据参考。

2. 分元件线损

对变电站、主变、母线、线路等每个元件进行损耗计算，可以为大修技改项目安排、运维成本预算、资产折旧情况提供更有效的数据支撑。

3. 分台区线损

台区线损同期计算进一步推动末端专业信息交互,方便基层供电所开展采集故障消缺、营配关系核查和反窃电业务,同时能够进一步对三相不平衡、配变重载轻载、无功补偿等问题进行分析,为后期业扩工程、配电网改造和无功优化提供有力支撑。

4. 供电量

电厂上网及联络线关口电压等级高,表计数量较少,基本实现关口电能量自动采集和月末日发行。

5. 售电量

用户表计数量庞大,电压等级一般较低,为满足营销抄核收等管理规定,长期以来售电发行执行分类定期轮抄制度,各类用户基本固定例日滚动抄表。

(二) 同期线损月报规则课程

1. 线损计划的确定(图6-3)

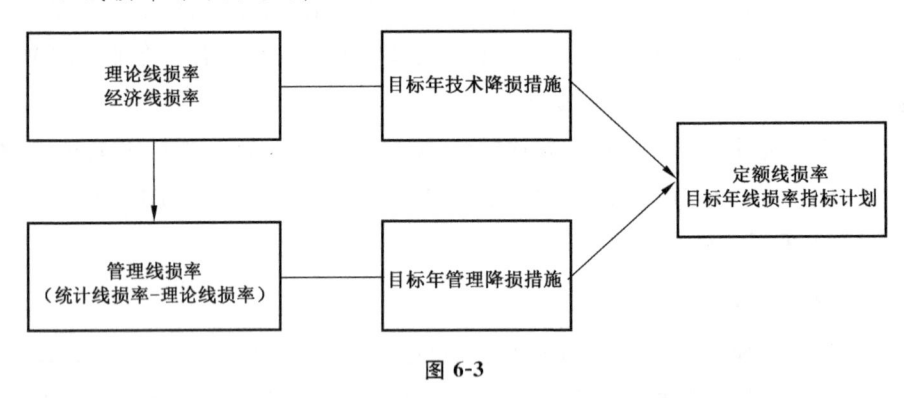

图 6-3

2. 线损管理的本质

管"电量"——通过采取一系列的技术措施、管理措施,实现售电量最大,损失电量接近理论值。

3. 管理线损的规律

管"电量"——电量 $A(\mathrm{kWh}) = k \times I \times U \times \cos\varphi \times T$。计量精准全面、采集准时流畅、档案拓扑一致、统计计算正常。

4. 降低管理线损的措施

（1）精准全面计量

$$A = k \times I \times U \times \cos\varphi \times T$$

（2）采集准时流畅——消除采集失败、时钟超差

① 采集失败原因：

"终端不在线"——位置网络信号差、上行通讯模块故障、SIM卡故障、外置天线损坏等。

"抄不通"——采集终端接线虚接、参数设置（表计未下发参数）、载波方案缺陷（用户量大就出现抄通率低）、载波方案混装（不同规约方案差异）、智能表载波模块故障（模块烧坏或插拔后无心跳标识）、表计现场资产与采集系统资产不符、表计无电（变压器停运）、信息档案错乱（用户档案与营销系统不一致）、终端与电表485接线不通等。

"只抄考核表"——集中器下行模块故障、新投台区终端未安装下行载波模块等。

其他失败原因："终端故障""表计损坏""电表换表"（营销系统走流程的归档过程）。

采集失败对策：日监控、日补采、日更换、日修复，实现日采集成功率100%。

② 时钟超差原因：电池欠压，电能表、采集器、集中器等电子产品长期运行突然停电、送电会引起时钟错乱（飞走、倒走、黑屏等）。

时钟超差对策：充分利用采集系统功能，自动检测时钟超差的设备（集中器、采集器）和电能表，及时重新校时或更换。

（3）档案拓扑一致——多系统贯通，与现场一致

问题：①用采、营销、PMS、GIS、D5000、"一体化系统"等多系统对接，系统数据推送失败，导致系统信息（如电量）空白、错乱或缺失；②档案错乱：户数差错、倍率差错、容量差错、档案缺失等；③图形拓扑差错：导致电能表计挂接关系错乱。

措施：①统一数据协议、统一数据规范，强化多项目组协同治理；②定期线路设备检查、定期用电检查，集中办公、协同治理；③定期巡视线路设备，定期核对"线-变-户""台-箱-户"关系及时变更档案信息。

（4）统计计算正常——计算模型反映现场实际

问题：①系统统计计算内容填写或选择不符合系统统计规则，如关口性质、分类、状态、用途等配置错误；②开关档案钩稽与现场实际不符。

措施：认真学习统计规则、关口配置规则和开关档案钩稽规则，正确进行统计计算配置与操作。

本章附录2：

同期线损月度报告标准书

单位/部门	供电保障指挥部	标准书编号	czbzs-2	工序名称	同期线损月度	场合		用时	12 min	专业支撑		制定日期	2019.09.19	批准		审核		校对	黄亭	编制	康帅

类别	序号	内容				备注
工作内容	1	指标核查				
	2	系统登录·整理数据				
	3	指标计算·排名比对				
	4	差异分析·建议总结				
	5	数据表格·问题互动				
工作步骤及要点	1	线损组管控&指标体系的不同及变化				
	2	线表计量、修改公式				
	3	线损系统抄数				
	4	数据公式计算指标分				
	5	分压达标-合格除地市				
	6	高损得分-比去年底、计划占比				
	7	vloopup总达标率排序高-低				
	8	高损分压、分线、理论、经济性				
	9	低：异动率、清单				
	10	得分排名、纵横对比				
	11	差异问题、分析记录				
	12	反馈设备				
注意事项	1	指标说明变化点、季度修改				
	2	台名单及时跟进				
	3	高损分析-加1减1分(4)				
	4	高位小数得分				
	5	月份、单位、表头对应				
	6	无，0,100				

示意图（系统应用流程）：

- 分压监测 → 10kV同期分压线损过标率 / 10kV及以下分线损期监测达标率
- 10kV分线管理提升 → 10kV分线高损消除情况 / 10kV分线月度经济运行情况 / 10kV分线负损巩固情况
- 10kV线路理论线损计算 → 10kV线路理论线损可算率 / 10kV线路理论线损达标率 / 10kV线路配变电量合格率
- 问题清单 → 异常清单（关系异常清单）/ 预警清单（持续高损、负损线路预警清单）→ 高损线路专项治理

管理项目	序号	内容	检查方法	备注
	1	管控组PPT	开始 1次/天	维修记录
	2	设备部汇报	红色变化 1次	编码
	3	数据分析表	计算 1次	日期
	4	月度报表	校核 1次	原因
	5			现状

设备及工器具	序号	器具
	1	
	2	
	3	
	4	
	5	

案例三 电网潮流仿真分析作业操作书

仿真类问题主要实现对配电网运行、调度、潮流管理等方面的仿真应用,目前配电网网架越来越复杂,功率流向更加多样,通过在配电网领域开展潮流分析,实现对配电网运行状态量化分析,有效进行运行薄弱点分析、运行方式优化等工作,构建配电网多维度仿真分析支撑能力。

将 TWI 课程表格与电网仿真软件相结合,以软件 Power World Simulator 为切入点,不断拓展延伸,打造 TWI 仿真工具,涵盖参数归算、模块搭建、运行调试、潮流分析等关键环节,帮助员工快速掌握基于 Power World Simulator 的配电网模型搭建方法,实现精准建模。结合现实应用场景,对配电网规划、配电网运行和人员培训的应用方向打造 TWI 实训课程工具,对潮流仿真应用过程进行梳理优化,借助 TWI 模式提升配电网运维管理能力。

(一)构建基础能力,提高运维管理质量

为了解潮流仿真模型搭建过程,首先学习一些相关基础概念。

1. 电力系统建模

    1.1 电力系统单线图

    1.2 仿真环境和参数设置

2. 软件主要功能模块

    2.1 潮流计算(Power Flow)

    2.2 故障分析(Fault Analysis)

    2.3 电压稳定性分析(Voltage Stability)

    2.4 最优潮流(OPF/SCOPF)

    2.5 事故分析(Contingency Analysis)

    2.6 线性分析(Linear Analysis)

    2.7 可用传输容量分析(ATC)

3. 计算机潮流计算

    3.1 潮流计算问题简述

    3.2 潮流计算的发展史

    3.3 潮流计算的发展趋势

    3.4 潮流计算的意义

3.5 潮流计算问题的数学模型特点

3.6 电力网络方程

3.7 节点电压方程

3.8 潮流计算方法的分析

3.9 潮流计算方程和约束条件

3.10 节电分类

3.11 计算机潮流计算的方法

3.12 迭代法

3.13 高斯-塞德尔迭代法

3.14 牛顿-拉夫逊法

这些内容为掌握潮流仿真的基础知识点,也是掌握TWI仿真课程设计的必备需求,在专业书籍中有详细讲解,本书不作赘述。

(二)固化分析流程,实现规范化技术规程

随着用户对供电可靠性要求越来越高以及优化营商环境的需要,配电网获得了长足的发展。配电网网架更加复杂,配电自动化方兴未艾。但是随着配电网结构越来越复杂,其潮流计算的工作量也日趋庞大,而现有的许多电力系统计算软件功能操作和结果显示都不直观,用户必须用很大的精力来熟悉和掌握这类软件的使用。因此引入可视化潮流仿真计算软件具有很强的现实意义,可以提升管理人员工作效率并促进配电网运行管控的数字化、智能化。

通过技术研究与总结,利用 Power World Simulator 软件搭建潮流仿真模型,主要使用节点、发电机、变压器、线路、负荷 5 种元件,各种模块需要的参数归纳如表 6-5 所示,各种元件在模型中示意图如图 6-4 所示。

表 6-5 各模块所需参数

模块名称	所需参数
节点	基准电压、节点编号、是否平衡节点、显示方向、长度、宽度等
发电机	功率控制参数、电压控制参数、显示方向、长度、宽度等
变压器	电阻、电抗、电容、电导、功率极限、标幺变比等
线路	电阻、电抗、电容、电导、功率极限、短路参数等
负荷	负荷类型、功率大小、显示方向、长度、宽度等

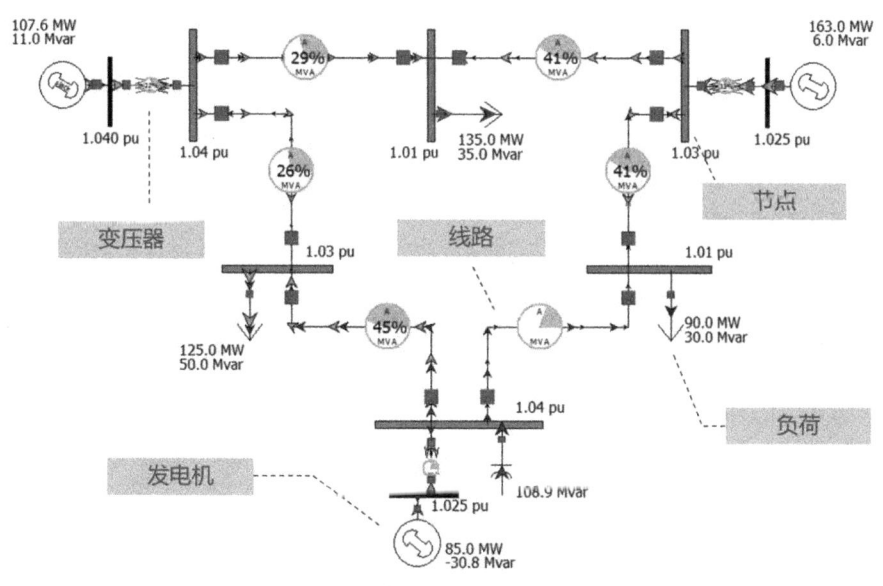

图 6-4　潮流模型元件示意图

（三）坚持试点先行，以点带面实现价值输出

我们选取中心配电网架和设备情况为案例，进行精心的设计研究，得到以下仿真案例。

试点单位涉及北戴河保电的指挥支撑，拥有软硬件设施一流、技术参数领先的基础设施，承担着暑期供电保障指挥职能。单位通过将先进的潮流仿真软件引入配电领域，进行了配电网运维管理新模式的探索，对配电网安全、可靠、经济的供电，提高企业的经济效益和社会效益具有巨大的现实意义。现阶段已经完成了部分保电区域以及园区潮流仿真模型的搭建工作。下面以中心园区仿真模型为例，进行展示说明。

中心园区配电网有 2 路来自站所 10kV 线路供电，有配电室 1 座，箱式开闭站 2 个，共 7 个配电台区，总容量 5 960 kVA，是典型的园区级配电网。园区配电网示意图如图 6-5 所示。

通过查阅园区配电网设计资料，以及从园区智慧配电网系统数据，计算得到园区元件参数及负荷参数如表 6-6、6-7 所示（$S_B=100$ kVA）。

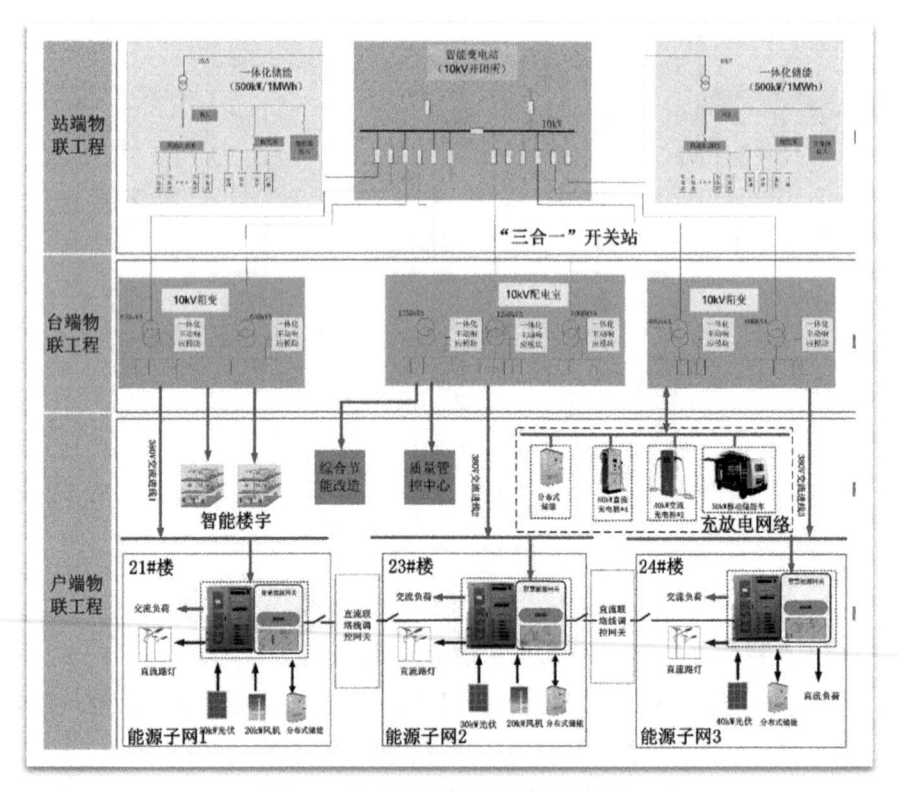

图 6-5 中心园区配电网网架示意图

表 6-6 园区各节点负荷情况

首端	末端	线路长度/m	材质	截面积/mm²	负荷电流/A	总功率/pu	有功/pu	无功/pu
1#箱变 1#主变	照明	160.17	铜	50	14.7	0.009 68	0.008 71	0.004 16
1#箱变 2#主变	动力	164.64	铜	185	6	0.003 95	0.003 55	0.001 70
1#箱变 2#主变	大厅	85.39	铜	185	18	0.011 85	0.010 66	0.005 09
1#箱变 2#主变	配电室	30.00	铜	120	0	0.000 00	0.000 00	0.000 00

续表

首端	末端	线路长度/m	材质	截面积/mm²	负荷电流/A	总功率/pu	有功/pu	无功/pu
2#箱变 1#主变	办公楼电源	170.94	铝	95	42.9	0.028 24	0.025 41	0.012 14
	锅炉排风	30.00	铝	25	0.7	0.000 46	0.000 41	0.000 20
	洗衣房	40.00	铝	95	10.3	0.006 78	0.006 10	0.002 92
	别墅路灯	30.00	铜	4	0	0.000 00	0.000 00	0.000 00
	老财务	99.43	铜	50	0.5	0.000 33	0.000 30	0.000 14
	大厦一	184.70	铝	150	5.7	0.003 75	0.003 38	0.001 61
2#箱变 2#主变	21#楼	161.56	铜	95	1.8	0.001 18	0.001 07	0.000 51
	光伏	272.37	铜	25	1.1	0.000 72	0.000 65	0.000 31
	办公楼电梯	170.94	铜	25	0.8	0.000 53	0.000 47	0.000 23
	5#28#总	278.91	铝	95	0	0.000 00	0.000 00	0.000 00
	会议中心电源	299.93	铜	70	4.1	0.002 70	0.002 43	0.001 16
	老配电室照明	30.00	铜	16	0.4	0.000 26	0.000 24	0.000 11
	22#23#24#	272.37	铜	120	0.2	0.000 13	0.000 12	0.000 06
	大厦二	184.70	铝	150	50.5	0.033 24	0.029 91	0.014 29
5#28#总	28#楼	54.19	铝	95	0.6	0.000 39	0.000 36	0.000 17
	5#楼	15.00	铝	95	0.2	0.000 13	0.000 12	0.000 00
22#23# 24#	22#	92.00	铜	120	0.8	0.000 53	0.000 47	0.000 23
	23#							
	24#	105.07	铜	120	0.7	0.000 46	0.000 41	0.000 20
配电室 1#主变	锅炉1		铜	1 200	55.5	0.036 53	0.032 88	0.015 71
配电室 2#主变	锅炉2		铜	1 200	0.4	0.000 26	0.000 24	0.000 11

续表

首端	末端	线路长度/m	材质	截面积/mm²	负荷电流/A	总功率/pu	有功/pu	无功/pu
配电室 3#主变	锅炉3		铜	1 200	0	0.000 00	0.000 00	0.000 00
	X光室	170.94	铜	25	0	0.000 00	0.000 00	0.000 00
	6#楼	163.73	铜	95	0	0.000 00	0.000 00	0.000 00
	7#楼	162.41	铜	95	0	0.000 00	0.000 00	0.000 00
	9#楼	166.71	铜	95	0	0.000 00	0.000 00	0.000 00
	外聘餐厅	120.33	铝	95	0.2	0.000 13	0.000 12	0.000 06
	牙科室外	265.97	铜	25	0	0.000 00	0.000 00	0.000 00
	会议中心楼顶	299.93	铜	50	24.9	0.016 39	0.014 75	0.007 05

表6-7 园区各线路参数

首端	末端	线路长度/m	材质	截面积	电抗标幺值	标幺值
1#箱变 1#主变	照明	160.171 9	铜	50	3.904 19	0.810 95
1#箱变 2#主变	动力	164.644 5	铜	185	1.059 98	0.720 32
1#箱变 2#主变	大厅	85.394 7	铜	185	0.549 77	0.373 60
1#箱变 2#主变	配电室	30	铜	120	0.296 25	0.136 89
2#箱变 1#主变	办公楼电源	170.941 8	铝	95	3.632 51	0.801 38
	锅炉排风	30	铝	25	2.400 00	0.165 00
	洗衣房	40	铝	95	0.850 00	0.187 52
	别墅路灯	30	铜	4	8.671 89	0.189 39
	老财务	99.434 7	铜	50	2.423 72	0.503 44
	大厦一	184.696	铝	150	2.424 14	0.819 68

续表

首端	末端	线路长度/m	材质	截面积	电抗标幺值	标幺值
2#箱变 2#主变	21#楼	161.556	铜	95	2.019 45	0.757 37
	光伏	272.369 9	铜	25	12.597 11	1.498 03
	办公楼电梯	170.941 8	铜	25	7.906 06	0.940 18
	5#28#总	278.906 1	铝	95	5.926 75	1.307 51
	会议中心电源	299.926 9	铜	70	8.622 90	1.462 14
	老配电室照明	30	铜	16	3.750 00	0.168 75
	22#23#24#	272.369 9	铜	120	2.689 65	1.242 82
	大厦二	184.696	铝	150	2.424 14	0.819 68
5#28#总	28#楼	54.188 2	铝	95	1.151 50	0.254 03
	5#楼	15	铝	95	0.318 75	0.070 32
22#23#24#	22#	92.002 2	铜	120	0.908 52	0.419 81
	24#	105.065 2	铜	120	1.037 52	0.479 41
配电室 1#主变	锅炉1		铜	1 200		
配电室 2#主变	锅炉2		铜	1 200		
配电室 3#主变	锅炉3		铜	1 200		
	X光室	170.941 8	铜	25	7.906 06	0.940 18
	6#楼	163.734 9	铜	95	2.046 69	0.767 59
	7#楼	162.407 1	铜	95	2.030 09	0.761 36
	9#楼	166.705 9	铜	95	2.083 82	0.781 52
	外聘餐厅	120.333 5	铝	95	2.557 09	0.564 12
	牙科室外	265.965 2	铜	25	12.300 89	1.462 81
	会议中心楼顶	299.926 9	铜	50	7.310 72	1.518 53

最终搭建完成的园区配电网潮流仿真模型如下图所示：

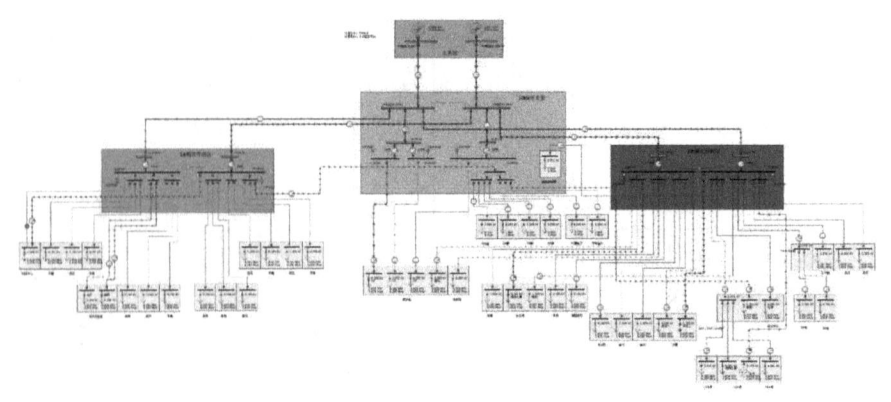

图 6-6 中心园区配电网潮流仿真模型图

在园区潮流仿真模型基础上,按照小负荷、大负荷、规划负荷以及满负荷 4 种情况梳理出 4 种典型负荷场景,负荷参数如下表所示:

表 6-8 园区典型负荷场景参数

节点名称	负荷场景1		负荷场景2		负荷场景3		负荷场景4	
	有功	无功	有功	无功	有功	无功	有功	无功
照明	0.058 29	0.040 69	0.064 76	0.045 21	0.221 40	0.154 54	0.309 96	0.216 35
动力	0.094 78	0.071 08	0.142 17	0.106 63	0.108 73	0.081 55	0.152 22	0.114 17
大厅	0.024 67	0.015 29	0.037 01	0.022 94	0.050 91	0.031 55	0.071 28	0.044 17
锅炉1	0.109 59	0.000 00	0.164 38	0.000 00	0.625 00	0.000 00	0.875 00	0.000 00
锅炉2	0.036 20	0.000 00	0.078 98	0.000 00	0.500 00	0.000 00	0.700 00	0.000 00
锅炉3	0.036 20	0.000 00	0.072 40	0.000 00	0.625 00	0.000 00	0.875 00	0.000 00
锅炉排风	0.003 69	0.002 76	0.003 69	0.002 76	0.028 17	0.021 13	0.039 44	0.029 58
洗衣房	0.018 30	0.008 87	0.027 46	0.013 30	0.063 38	0.030 70	0.088 74	0.042 98
22#	0.004 15	0.002 01	0.062 20	0.030 12	0.093 89	0.045 47	0.131 44	0.063 66
23#	0.000 00	0.000 00	0.056 27	0.027 25	0.093 89	0.045 47	0.131 44	0.063 66
会议中心楼顶	0.026 33	0.019 75	0.039 49	0.029 62	0.047 92	0.035 94	0.067 08	0.050 31
5#楼	0.001 78	0.000 86	0.050 35	0.024 39	0.063 38	0.030 70	0.088 74	0.042 98
28#楼	0.008 89	0.004 30	0.044 43	0.021 52	0.063 38	0.030 70	0.088 74	0.042 98
21#楼	0.008 89	0.004 30	0.071 08	0.034 43	0.081 75	0.039 59	0.114 45	0.055 43
会议中心电源	0.006 88	0.004 26	0.036 36	0.022 54	0.048 39	0.029 99	0.067 75	0.041 99

续表

节点名称	负荷场景1		负荷场景2		负荷场景3		负荷场景4	
	有功	无功	有功	无功	有功	无功	有功	无功
X光室	0.000 00	0.000 00	0.029 62	0.014 34	0.036 43	0.017 64	0.051 00	0.024 70
6#楼	0.000 00	0.000 00	0.026 66	0.012 91	0.081 75	0.039 59	0.114 45	0.055 43
7#楼	0.000 00	0.000 00	0.038 50	0.018 65	0.081 75	0.039 59	0.114 45	0.055 43
9#楼	0.000 00	0.000 00	0.032 58	0.015 78	0.081 75	0.039 59	0.114 45	0.055 43
外聘餐厅	0.004 15	0.002 01	0.014 81	0.007 17	0.063 38	0.030 70	0.088 74	0.042 98
牙科室外	0.000 00	0.000 00	0.020 73	0.010 04	0.036 43	0.017 64	0.051 00	0.024 70
老配电室照明	0.005 33	0.002 58	0.004 15	0.002 01	0.023 69	0.011 47	0.033 17	0.016 06
24#	0.000 00	0.000 00	0.050 35	0.024 39	0.093 89	0.045 47	0.131 44	0.063 66

将数据导入园区仿真模型，进行了园区配电网在不同负荷场景下潮流分析，发现了3处配电网运行薄弱点，分别是1号箱变至大厅、1号箱变至配电室、2号箱变至22楼线路，在负荷变大时出现过负荷情况。

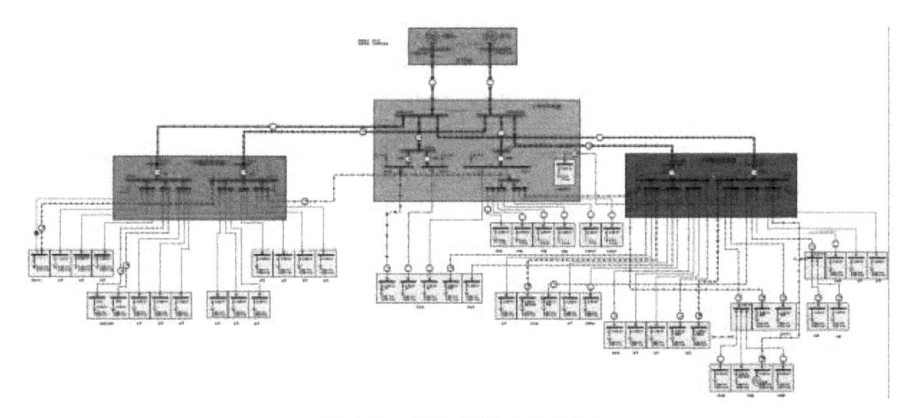

图6-7 负荷场景1仿真图

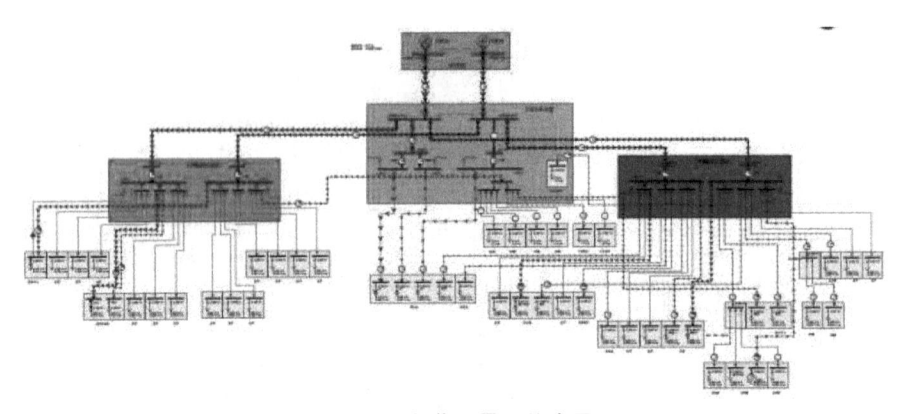

图 6-8　负荷场景 2 仿真图

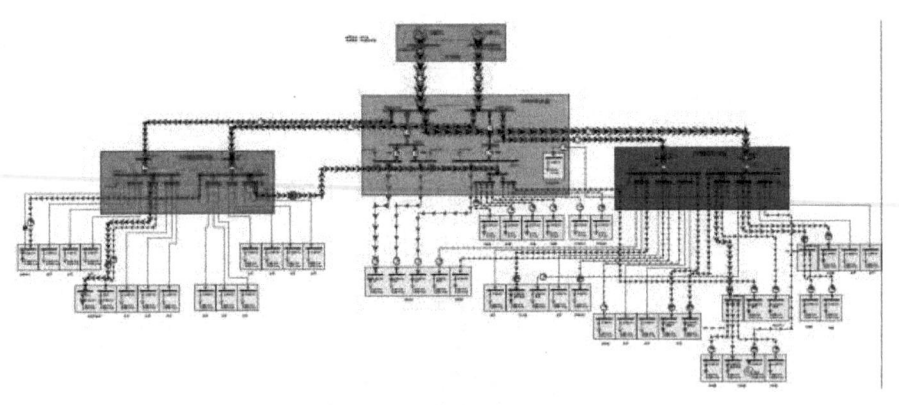

图 6-9　负荷场景 3 仿真图

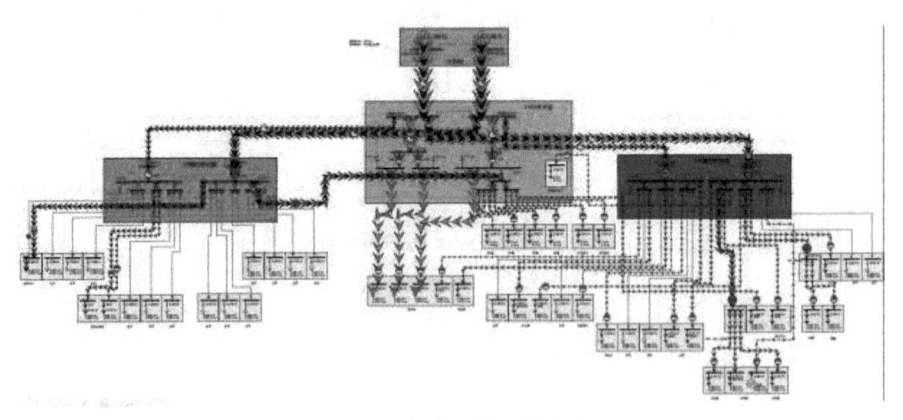

图 6-10　负荷场景 4 仿真图

本章附录 3：

区域配电网源流仿真模型搭建标准书

单位/部门	标准书编号	工序名称	场合	用时	制定日期	批准	审核	校对	编制
供电保障指挥部	czbzs-3	搭建区域配电专业支撑 Power World Simulator 软件使用		12 min	2019.09.19			黄尊	康帅

工作内容	1	数据准备（拓扑、参数、负荷数据）
	2	拓扑分析
	3	模型搭建
	4	参数设置
	5	潮流应用
工作步骤及要点	1	软件安装、数据库、图元安装
	2	CAD 图纸、台账数据、设备资料表
	3	无功查算、有名换算、测型号标准、阻抗、长度
	4	标幺、有名换算
	5	负荷-系统倒入、测、算 o、载流量
	6	网架分析-拓扑-节点
	7	母线-长宽色等级节点
	8	变压器-额定参数、档级
	9	负荷-PQI-excel 改名编码
	10	阻抗民纳
	11	美化-标准、等级颜色
	12	模块运行、潮流仿真
注意事项	1	名词解释
	2	节点等效
	3	光伏=发电机
	4	数据输入单位
	5	数据校对
	6	英语释义

示意图：

Powerworld 输入文件：
- 时段有功负荷
- 发电机实际有功
- 时段无功负荷
- 区域时段负荷状态
- 时段线路状态
- 发电机最大有功
- 分区时段负荷
- 发电机出力计划

Powerworld 结果文件：
- 潮流收敛情况
- 节点电压数据
- 线路负载情况
- 发电机最大有功
- 时段线路状态
- 区域时段负荷状态
- 分区时段负荷
- 线路越限数量

管理及检查项目	检查方法	备注
1 数据导入	开始 1 次/天	
2 潮流走向	计算 1 次	
3 网架全面	校核 1 次	
4 错误报警		
5		

器具	编码	维修记录	日期	原因	现状
设备及工器具	1 软件				
	2 工具书				
	3				
	4				
	5				

本章附录 4：工作分解表

在实际工作中，两个师傅用同样的方法教员工，为什么教出来的人不一样？这时候，有的人忽略了一点，就是教人的"标准"，因为指导的效果取决于培训的"方法+标准"，培训别人的标准即在企业里培训员工时参考 SOP，SOP 的确是一个不错的工具，但长期未更新，失去了应有的作用，下面放两张图，对比一下：

企业SOP标准作业指导书个例分享

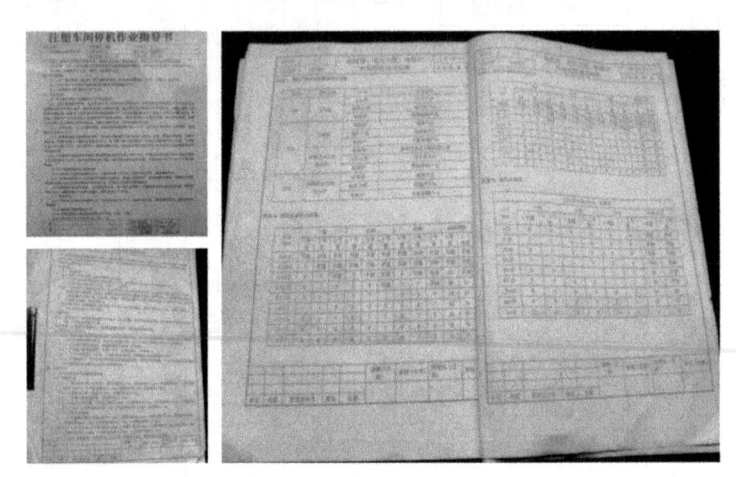

打灯头结工作分解表

打灯头结工作分解表			
车间	一车间	填表人	小明
工位名称	打灯头结	填表日期	2013.10.15
所用材料	电线	工位节拍时间	3秒
序	主要步骤 （是什么） ●能促使工作顺利完成的主要作业程序。 ●（要用词简洁，名词+动词表示清楚）	要点 （怎么做） 关键点有三类： ①左右工作能否完成——则成败 ②是否危及作业人员人身安全——即安全 ③具备能使工作顺利完成——即易做	理由 （为什么） 成为要点的理由
1	分开双股线	①自上而下10公分处	多了要被剪掉，浪费
2	打右线圈	①与主线前方交叉	不这样做打不成结
3	打左线圈	①往胸前拉到底	为防止弯曲
		②绕过右线头下方与主线后方交叉	不这样做打不成结
4	穿孔	/	/
5	拉紧	①整齐地抓住绳子的末端	让两线头一样长
		②将结向下拉	让结更紧固

SOP 特点：密密麻麻，很多的专业术语，往往是企业内部专家编写，基层员工使用，所以会出现在指导别人时不知从何说起。

工作分解表特点:逻辑清晰,结构简单,字数不多,但只满足员工本岗位的操作技能。

关于以上两者的区别见下图,供大家参考:

企业SOP与工作分解表区别

类别	SOP标准作业指导书	工作分解表
优点	专业、详细	简单、顺序清晰
编写依据	按产品工艺流程标准编写	根据岗位实际步骤编写
工作指导	员工培训时很难用上	工作指导时标准依据
编写人	内部专家编写	有经验的员工与主管一起编写

编写岗位工作分解表:

工作分解表——主要步骤的定义与编写方法

主要步骤定义:

● 是作业的**主要程序**、主要目的是什么,也就是"**做什么**"。

1. 首先**根据自己理解**(常识判断)记录该工作要分几个步骤

2. 到现场实际去做每一步,同时自问:"这项工作有变化了吗"? 当一个动作**发生阶段性变化**时,这一阶段就是一个主要步骤。

3. 主要步骤一般用简洁的"**名词+动词**"表示,易学易记。
注:如操作中有**检查(点检)**、**测量**等动作,(视情况)可单独列出作为主要步骤

(举例)如一般到银行办业务大致分为四个主要步骤:
　　　1. 取排队号　2. 填写表单　3. 等待叫号　4. 办理业务

工作分解表——要点的定义与编写方法

要点的定义：

● 是完成主要步骤所必须严格遵守的**关键的动作、与方法**，也就是"怎么做"

1. 针对找出的主要步骤去思考，在这一步骤里有没有影响工作**成败的事项**——（成败项：可以作为要点）

2. 有没有使**员工遭受危险的安全事项**——（安全：可以作为要点）

3. 有没有事项、动作能**使工作容易完成的诀窍**——（易做：可以作为要点）

注意：如果一个主要步骤中要点多（4~5个）的话，就要重新划分主要步骤，这样便于学员记忆（该岗位作业节拍时间长的除外）

　　以上是编写方法，仅仅知道理论是远远不够的，还要进行大量的现场实际操作才能真正掌握方法，熟练运用，以下是不同行业做的一些案例，供参考。

工作分解表举例（制造业组装车间）

工作分解表		
车间		填表人	
工位名称		填表日期	
所用材料			

序	主要步骤	要点
	●能按步工作顺利完成的主要作业程序 ●"费用阅读法"起用+动作的 ？清楚	●关键点有三： ●是左右工作成败关键——一般对成败 ●会不会使作业人员人身安全——一般对安全 ●能易做能使工作顺利完成——一般易做
1	安装磁钢到发热盘	①核对磁钢隔温器、发热盘型号及外观质量 ②油均匀抹在铝片两面
2	紧固发热盘	①检查外锅质量、型号 ②紧固发热盘（螺钉M4*81PCS），检查螺丝无松动、掉落
3	紧固温控器	①温控器紧固在外锅上，涂导热硅胶，用（3.9*6细牙）螺丝紧固
4	安装外壳罩	①检查外壳罩外观、型号 ②外锅装入外壳卡扣处，外锅卡扣压平

工作分解表举例（注塑车间）

注塑505底座标准操作指导书

1. 第一步打开注塑机安全门
2. 当模具自动打开时将产品取出
3. 随手将安全门关上
4. 注意模具高温，取底座时请带上手套，防止被烫伤
5. 用刻刀削掉底座上水口
6. 用刻刀削掉底座上小盖板
7. 把小胶脚装入指定脚垫孔
8. 检查底座质量无缺料、变色、气纹等
9. 刻刀非常锋利，使用时请注意不要被划伤
10. 如果产品合格请将底座套上泡棉，放在物料台上

工作分解表

车间	注塑车间	填表人	xxx
工位名称	注塑505底座	填表日期	xxxx
所用材料	塑料颗粒、手套、刻刀、		

序	主要步骤（做什么）	要点（怎么做）
1	取底座	①打开注塑机安全门 ②模具自动打开时将产品取出 ③关上安全门 注：模具高温，取底座时带手套，防止烫伤
2	加工底座	①用刻刀削掉底座上水口和小盖板 ②将小胶脚装入脚垫孔 ③检查底座质量无缺料、变色、气纹等 注：刻刀锋利，使用时谨防被划伤
3	套泡棉	①将合格产品套上泡棉放在物料台

大众案例——改善前后

衡量成功交车的标准

下面我们从顾客的角度出发，来确定成功交车的标准
- 在所承诺的时间内交车
- 确保车辆内外的清洁
- 确保车辆的所有装置均处于正常工作状态
- 交车时，油箱内加满燃油
- 向顾客详细说明车辆的性能以及各控制装置的操作方法
- 向顾客详细说明车辆的保修期及维护保养周期
- 确保顾客知晓如何在经销店进行车辆的维修，将顾客介绍给维修部门的人员，并确定首次维护保养预约
- 在一个合理的时间内，完成全部交车过程

上海上汽大众汽车销售有限公司
SAIC-Volkswagen Sales Co., Ltd.

衡量成功交车标准工作分解表
——从顾客的角度出发来确定成功交车的标准

序	主要步骤（做什么）	要点（怎么做）
1	交车前	①在所承诺的时间内交车 ②确保车辆内外的清洁 ③确保车辆处于正常工作状态，且加满燃油
2	交车中	①向顾客详细说明**车辆性能、操作方法、保修期及保养周期** ②确保顾客知晓如何在经销店进行车辆的维修，将顾客介绍给维修部门的人员，并**确定首次维护保养预约**
3	交车后	①在一个**合理的时间内**，完成全部交车过程

上海上汽大众汽车销售有限公司
SAIC-Volkswagen Sales Co., Ltd.

工作分解表带给我们的好处：

（1）对于指导者：

①顺序清晰、信息全面、不会遗漏；

②指导时会更有条理；

③指导时不会一次教得过多；

④指导时对成败的关键、重要的和应注意的地方传授得更清楚。

(2) 对于员工：

①岗位操作标准佳，学习时配合工作分解表学习更快；

②遗忘时随时可查阅。

本章附录 5：TWI 整理工具

在配电网专业实训课程体系设计中，打造并应用 TWI 整理工具（详见 P221 附录 3），可以激发员工主动思考，提高工作中的问题解决速率。在实训课程设计中，应加强对 TWI 工具箱的开发与研究，并将此灵活应用于工作教导和实训中，以此提升工作效率和工作质量，实现技术型人才培养。

第二节　课程实训安排

一、部署训练预定计划表

管理者指导他人掌握某项技能时要有方法、标准。在企业里存在这些情况，要么没方法，即使有一些方法也是根据主管个人习惯；要么没标准，很多主管是凭自己的经验、感觉去指导他人，这样的情况很初级，也主要集中在一些不成熟、不完善的企业里，假如这些企业依然抱着固有的观念重复下去，实际上企业受到更大的伤害，在这个过程中，企业不仅付出了培训成本、时间成本，甚至因培训不到位，还大大影响品质、效率等等，所以培训的方法、标准非常重要，但是光把这两个点做好还不足，还要把这件事当成一个长期的计划，作为企业运营中的一项。

部属训练计划有很多种，每家企业之间也有一些微小差别，但目的基本相同，都是帮助推动落实培训项目，一般为表 6-9、6-10 所示格式的培训计划表。

表6-9　医院员工培训计划表

培训编号：
培训部门：

培训名称			培训时间		自		至	
培训课程时数及负责人								
课程	培训时间	负责人	起讫时间	课程	培训时间	负责人	起讫时间	
参加人员： 共 人名单如下：								
单位	职务	姓名	单位	职务	姓名	单位	职务	姓名
费用预算：					每人分摊费用：			

表6-10　员工培训计划安排表

年　　月

培训目的	培训时间	培训地点	培训师	培训方式	培训对象	人数	考核通能人数

填表人/日期：　　　　　　　审核人/日期：

以上是常见的格式,在 TWI 的课程中,培训计划表(部属训练预定表)如图 6-11 所示。

表 6-11 部属训练预定表

2016.9.8 张组长(编号 201422257864)总装二车间								
	操作书编号	小楚	小凡	小郭	小张	小赵	小王	小李	生产上的变化
组装零件		√	√	√	√	√	√	
配线			√	√	√	√		
装配			√	√	√	△	√	
打灯头结	D02				√	√	3.16	3月下旬增加1人
拧紧	D01	√	△	√	√			
调整	D03	√	3.20	√	△3.3		√	
人事异动及工作情况			3月下旬出差					

√:代表技能合格 △:代表技能不稳定

这张表的填写步骤如图 6-11 所示。

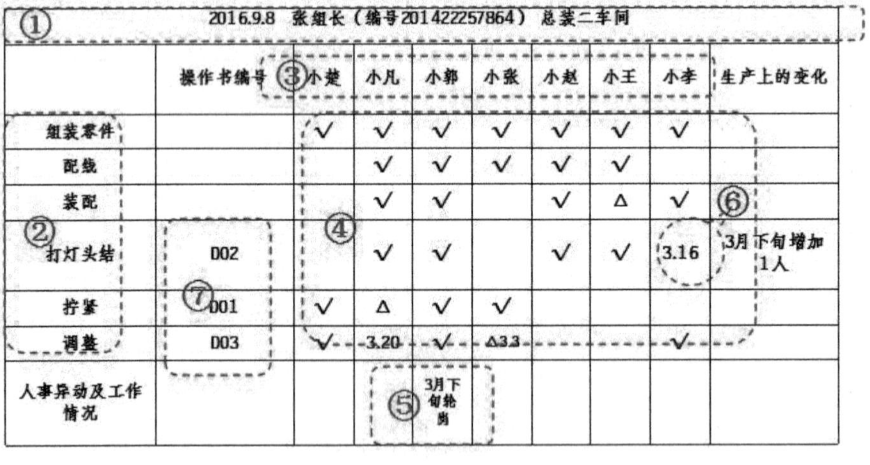

图 6-11

注:① 填写姓名、班组、日期;② 填写待培训工位;③ 填写待培训学员;④ 确认目前员工掌握技能状况(暂时不写培训日期);⑤ 找出员工训练需求(退休、离职、晋升、轮换岗);⑥ 根据生产紧迫性安排培训日期;⑦ 已有的工作分解表填好,没有的需要准备

这就是TWI实训预定表的价值,用一张表体现出填写人,场地,年月日,要培训岗位,培训学员,他们的技能状态,结合到生产,人事变化我们所排的优先顺序,各岗位工作分解是否完成好,以及如何确定培训日期。

二、试点单位实训计划实例

专业技术和人才是配电网管理的关键。结合配电网领域全业务范围与中心发展需求,本书选取以下几类场景进行调研,并在本书中引入TWI思想,针对不同场景开展实训课程设计及人才培养体系塑造。

(1)生产类:包含配电设备检测、预试安装、调试,技改检修等,目前生产类涉及范围广,工序种类多且复杂,缺乏统一的标准流程,距精细化生产有较大差距。

(2)管理类:包含系统应用、报表管理,主要面向配电网数据的收集梳理及处理应用,目前管理尚不够精益化,缺乏有效手段进行专项提升。

(3)仿真类:包含配电网运行、调度、潮流管理等方面仿真应用,当前状况是主网仿真比较成熟、应用较广,配电网领域在线仿真等相对空白。

引入TWI的配电网精益管理,业务与管理全面整合,多维度构造TWI全方位管理创新体系,分析内容更加全面、细化、深入,创新成果明显,为公司配电网运行管理打下坚实基础。

示例1:

在专业工作中按照TWI思路形成定向典型场景,对该场景进行TWI工具箱设置。在试点单位下设班组开展该专业方向的实训计划,安排如表6-12所示。新员工通过TWI工具箱实现了快速学习成长,掌握岗位工作需求与技巧,同时,创新意识大大提升,善于思考工作中存在的问题与缺失,通过对自己作业流程的拆解,查找问题的原因和改善工作的思路,并踊跃提交工作改善方案,有效推动了管理工作的改进提升,工作整体质量明显提高。

表 6-12 实训计划安排一（15 日一周期）

供电保障监控班	18 号工位			日期:2020 年 8 月 16 日		
实训师××××						
	作业标准书编号	员工 A	员工 B	员工 C	员工 D	员工 E	备注
D5000系统应用	Zhzx-jk01	√	√	√	√	×	
PMS2.0系统应用	Zhzx-jk02	√	×	□	□	×	
配电自动化系统应用	Zhzx-jk03	□	√	√	□		
安全管理	Zhzx-jk04	√	√	√	√	√	
保电值班报表管理	Zhzx-jk05	□		□		×	
设备巡视	Zhzx-jk06	√			□	×	
…	…						
人事变动情况					新入职		
√:技能合格　□:需要继续熟练　×:需要教导							

示例 2:

在试点单位实验室开展该工作场景的实训计划,安排如表 6-13 所示。聚焦中心首检合格率不到 40% 等问题,通过制作完善故障指示器检测流程、FTU 等配电设备检测 TWI 实训工具箱,其中工具箱应用作业指导书、视频点播、读图、仿真等方法覆盖检测整体流程、关键点、安全点、故障点等要素。有效建立检测实验室管理体系,实现了终端检测质量的严格把控,确保入网终端 100% 合格,有效提升供电可靠,提升用户用电体验。

表 6-13　实训计划安排二

检测实验室		3 号检测线			日期:2020 年 9 月 8 日		
实训师:××××							
	作业标准书编号	员工 A	员工 B	员工 C	员工 D	员工 E	备注
到货	Sysjcttu01	√	√	√	√	×	
外观检测	Sysjcttu02	√	×	□	□	×	
入库	Sysjcttu03	□	√	√	□	×	
检测管理	Sysjcttu04	√	√	√	√	√	
报告管理	Sysjcttu05	□		□		×	
…	…						
人事变动							
√:技能合格　□:需要继续熟练　×:需要教导							

通过打造基于 TWI 理念的实训课程,试点单位在 45 天快速培养 30 名配电网专业管理支撑、配电网数据应用管理支撑、配电设备全寿命管理支撑、营配贯通管理支撑人才,积极投身到企业运营工作中,创造价值,同时通过课程的培养会具备培养他人的教导能力,产生"永动机"的效果,在高效输出配电网专业人才的同时,节约"人财物"的支出。

第七章　TWI课程实训师定位

第一节　实训师角色认知

TWI实训师队伍通常是由工作流程熟、专业技能高、人际沟通好的一线管理者所构成的,因此要了解实训师的角色定位,实际上是要弄清楚一线管理者在的地位与作用。

一、实训师的地位

班组是企业组织经验管理活动的基本单位,是企业最基础的管理组织,而作为一线管理者的班组长,则是一线工作的最直接指挥者和组织者,同时也是企业的最基层负责人,在日常工作中发挥不可替代的重要作用。

二、一线管理者的角色认知

一般而言,一线管理组可分为五类:①工作拔尖但人际协调能力较弱的生产技术型;②缺乏管理创新能力表现官僚的盲目执行型;③得过且过没有责任心的无为而治型;④工作踏踏实实却管理能力欠缺的劳动模范型;⑤对员工称兄道弟容易感情用事的哥们义气型。

但考虑其直接沟通领导与基层员工的立场,以上五种类型角色对于成为一个出色的一线管理者来说,都是不够的。

要成为一个出色的一线管理者,首先必须要有目前的角色认知:对于企业来说,一线管理者是最基础的管理员,工作任务指标达成的最直接负责人;对主管领导来说,班组长是命令的贯穿执行者及辅助协调者。

这就决定了一线管理者需要发挥以下三种作用:一是政策执行,一线管理者直接影响政策的实施,影响企业目标的最终实现;二是承上启下,既要做领导关系员工的桥梁,又要做员工联系领导的纽带;三是组织工作,一线管理者既要承担管理的工作,同时也要是专业作业的多面手。

三、实训师定位

优秀的实训师,要扮演三个角色,第一个角色是专家,实训师必须是本行业的行家里手。第二个角色是教练,仅仅是专家还不行,还要是一个教练,实训师最重要的使命是教会别人技能、更多的方法。第三个角色就是导师,实训师不仅要传授技能,还要传授做人的原则和处事的智慧。

第二节 实训师 TWI 技能

作为本行业专家,TWI 实训师应具备专业的 TWI 技能,即明确工作的知识和述职职责的知识,以及能够管理工作、训练员工的工作指导能力(JI),能够改善工作中遇到的问题的能力(JM)。另根据第二章第二节,实训师仍需具备工作关系(JR)技能和工作安全(JS)技能(见附录1)。

一、工作教导技能 JI(Job Instruction)

(一) 工作教导的含义及意义

使一线管理者能够用有效的程序,清楚地教导员工工作的方法,使员工很快地接收到正确、完整的技术或指令,提高工作效率。

(二) 教导前的准备

教导工作正式开始前,需要进行比较重要的四项工作。

一是制作指导计划表,即编写实训预定表,将教导工作进行详细规划,考虑可能发生的各项因素,保障教导的顺利进行。

指导计划表具体包括实训时间、实训主题、受训对象、实训方式、实训师、实训地点、实训时数、实训人数等要素,需要注意的是制作指导计划表还要注重与上级的沟通、与实操技能的结合等。充分考虑以上因素才能制作出完善的指导计划表。

二是制作工作分解表,也包括准备作业指导书,这项工作的主要目的是细化教导流程,提高教导质效。

工作分解表包括工具、作业名称、主要步骤、操作要点、小窍门、特殊规定等内容。其中主要步骤是工作分解表的主要内容,需要细化到每一个操作细节。

三是准备所需物品,主要是教导过程中需要用到的工器具、涉及的相关设备以及可能需要使用的材料等。

四是整理工作场所,包括需要提前预约的特定实训场所等。

(三) 教导的方法

常用的教导方法,主要有四种,分别是讲授法、实操法、边讲边做法以及四阶段教导法,前三种方式较为简单易懂,这里主要对第四种进行详述。

四阶段教导法又称为一对一教导法,是实操训练的一种常用方法,主要分为准备、示范、实操、考核四个阶段。

第一阶段：准备

氛围营造：准备阶段是实训师和学员接触的第一个阶段，因此需要营造一种轻松的氛围，拉近实训师和学员的距离，使学员保持一个身心适当放松的状态，保证教导的最佳效果。

告知内容：教导的具体内容需要提前告知，可以让学员提前预习，有思想准备，更能提升教导质量。告知的内容包括教导的内容、教导方式，以及是否需要特定着装（如轻便衣着、着工装等）等。

提前询问：与学员沟通，询问其是否有相关工作经历或承担过类似责任，确认其是否需要这类的教导，并针对性对教导内容进行调整。

提升意愿：通过鼓舞、肯定、期待等方式，对学员进行正向激励，提升其学习的自主意愿。

调整位置：对实训场地进行观察，确定好教导的位置，保证教导过程中学员能够看得到实训师。

第二阶段：示范

说明示范：对教导过程中需要用到的工器具、设备、材料等进行详细说明，告诉学员工具器、材料等的具体作用、注意事项、使用要点，便于日后利用。

操作示范：以三段式实操示范为主，第一次操作示范，一面讲解步骤一面进行操作，要求学员进行记忆与复诵；第二次操作示范，一面讲解步骤及操作要点一面进行示范，帮助学员巩固，同时进一步了解如何操作；第三次操作示范，一面讲解步骤、要点及缘由一面进行操作示范，逐步深入的讲解，使学员能够一步步理解与掌握。

注意事项：示范过程中可提示学员哪些步骤或要点在当下是比较难掌握的，要求学员以笔记的方式记下，留给学员记录的时间，方便复习与自我思考。

第三阶段：实操

三段式实操：与操作示范相类似，第一次实操，要求学员一边操作一边说出操作步骤，及时纠正其错误，避免养成习惯；第二次实操，要求边操作边复述步骤及要求，进行巩固；第三次实操，要求学员对步骤、要求及缘由进行说明，考察学员的接受度和教导效果，同时也是再一次对教导内容的巩固。

全程激励：在学员的整个实操过程中都保持正向的激励（此时不适合负向

激励的方式),哪怕学员犯错也鼓舞其改正,以肯定的态度认可学员的操作,并最终确认学员已了解操作要领。

第四阶段:考核

直接提问:通过对知识点和操作要领的直接提问来考核教导的效果及学员的掌握情况。

协助操作:指定学员协助他人操作,通过观察其在协助操作过程中的表现来确认其对教导内容的熟练程度。

鼓励发问:鼓励学员自发提问,明确其疑惑点,考察教导成效。

(四)特殊情况的教导方法

1. 冗长工作的教导方法

对于此类工作,最好分为几个小节进行教导。这就要求实训师有较强的教导意识及丰富的实操经验,将工作恰当地分为小节,不影响操作流程,更不能打乱工作节奏。

2. 嘈杂工作场所的教导方法

对于环境嘈杂的情况,同样要求实训师将操作进行拆分,这里拆分的是操作与讲解,示范时不讲解、讲解时不示范,让学员在嘈杂的环境中只需要专心与一件事,保障教导的效果。

二、工作改善技能 JM(Job Methods)

(一)工作改善的含义及意义

帮助一线管理者运用易操作的方式而不是靠增加设备或投入来实现明细的工作场所改善、流程改善,从而降低投入成本,提高工作效益。

(二)工作改善的步骤

第一步:发掘问题点

明确目的:发掘问题不是随意的,而是需要一个明确的目的,不同的目的指引下,问题的重要性是不相同的,因此,首先要做的就是明确地设定需要改善的目的,才能开展接下来的工作。

收集数据:在目的确定的前提下,开展数据收集的工作,整合与这个改善目的相关的各类信息,发掘问题点。

明确问题:在初步确定问题点的情况下,还需要进行进一步的评价,分层次地查明事实,排除干扰因素,最终确认问题的主次,明确要改善的首要问题。

第二步:确立目标

绘制检索图:综合第一步发掘的各类问题及相关数据依据,绘制成一张问题检索图,包括时间、主题、内容、重要性等因素。

收集事实:调查比较各类事实之间的相互关系。

确立目标:集合全员的智慧,避免个人埋头苦干的状况,集体学习、集体进步,并最终确定改善的目标。

第三步:事实分析

5W1H思考:何事(What),做了什么、是否可以做些别的事物、为何要这么做;何处(Where),在何处做的、为何要在该处做、在何处做最好;何时(When),何时做的、为何要在当时做、改到其他时间做是否更好;何人(Who),是谁做的、是否可由被人做、谁最适合做这件事;为何(Why),为何要这么做、为何要做成这样、为何要使用现行的设备来做;如何(How),如何做的、为何要如此做、何种方法最佳;

4M检讨:操作者(Man),操作者的素质高低、熟练程度好坏、责任心强弱等;机器(Machine),设备的运行状态有无故障、是否易于操作、能否满足工作要求;材料(Material),材料的质量是否过硬、是否经过检验、是否适合工作需要;方法(Method),操作方法是否正确、操作流程是否合理。

脑力激荡:头脑风暴,集合一个群体(班组、专业、实训小组等形式皆可),发挥创造性思维,在短时间内针对问题进行思考,提出大量的构思,想法越多越好。

脑力激荡首先要确定主题,然后召集人员、选择好环境、做好记录、发表意见,最后整理创意并致谢。需要注意的是,头脑风暴的过程是完全自由的,没有任何要求束缚,鼓励各类想法,严禁用任何形式进行批评。

实地分析:深入问题现场,详细观察现场实况,查看日常数据、必要时进行现场实验,通过切实分析,修正方法。

第四步:制订计划

前期的大量工作都是为了制订计划而服务的,一个完善的改进计划才是工作改善的最有力保障。

工作改善计划并不是一个单一的计划书,而是包含了前期各项问题的解决方案、工作实施细则等内容的,是一个系列项目。该计划制作并修订后呈交上级主管审核指正后,准备实施。

第五步:试行改善

日程准备:根据工作改善计划编制预定日程,确定何时开始、持续多长时间、何时结束等时间节点,开展改善试行工作。

数据收集:在试行过程中,做好相关数据收集,将试行前期的考虑因素、试行时遇到的问题、改进措施、实施结果、试行成效等全流程的数据资料完整记录。

结果追踪:对试行结果进行追踪,注意之前忽略的影响因素。

第六步:标准化改进

试行找差:将试行得到的结果与改善前的状况进行比较,落实已得到改善的环节;同时将试行结果与预期结果进行比较,分析未获得改善环节,并回到第三步将其修正。

标准化改进:了解改善层度、把握其他因素的影响,将操作方法标准化,并熟悉标准化的新操作方法。

第七步:标准化管理

将标准化操作方法落实到制度层面,通过至少一年的时间进行校验,并根据校验的结果决定标准化操作的推广范围。及时跟进改善成效,扩大改善效果。

(三) 工作改善的四阶段

阶段一:工作分解

完全按照现行的工作方法,将其全部分成作业细目,并逐一记录,避免遗漏。这样做的目的有三:一是可完整地、正确地掌握了解其各项作业细节的实际状况;二是可将每一个细目按顺序、毫无遗漏地加以调查;三是可以发现改善的必要点同时避免浪费的动作。需要注意的是,工作分解应该在现场的实际观察中进行,注意每一个动作片段。工作分解组示例如表 7-1 所示。

表 7-1 工作分解细目示例

正确分解细目	错误分解细目
转动扳手	用扳手锁紧
目测设备有无伤痕	检查设备
走、移动	去、来

阶段二：细目分析

细目分析通常采用自问与检讨的方式进行。

自问事项一般包括：为什么需要这样做？这个动作的目的是什么？在什么时间、地点进行做好？什么样的人最适合执行这个行为？采取怎样的方式去做最好？……

检讨的事项一般包括：材料、器械、设备、工器具、设计方案、工作配置、动作行为、安全隐患、工作环境、工作整理等。

同时，改善步骤中所提及的 5W1H、4M 等方式，也是进行工作分析的较好方式。

阶段三：展开新方法

展开新方法一般包括三个步骤：

一是以构想创造新的方法，具体包括删除不必要的细目，合并可"同时、同地、同人"操作的细目，重新组合细目的顺序，简化现行的作业方式等。

二是员工及其他相关方讨论，提出新思路、新方法。

三是依旧立新，重新整理细目，总结出新的工作方法。

阶段四：实施新方法

新方法的实施有一个过程：首先要呈报上级，使上级了解新方法；其次要教导下属，使其掌握并应用新方法；再次要与相关部门取得沟通，照会主管安全、品质、成本等部门，赢得其支持；从次要与各方协调沟通，并立即将新方法付诸实践，一直运用到下一次进行改善，避免已改善的问题出现反复；最后要建立配套的激励措施，对有贡献的相关人员予以肯定，激发新方法的再创造。

第三节 实训师通用能力

一、实训师的基本素养

实训师要具备一些基本的职业素质，包括专业精神与职业道德、专业知识与专业技能、教学能力、沟通协调能力、教材规划和设计与编制的能力、教学考核与评估的能力、工作场所与课堂管理的能力。

实训师除了要提升自己的职业素质外，还要修炼亲和力、敏锐度、表达力、热情度、幽默感、公正心、专业度等特质，并注重收集信息，终生学习，习惯性养成专业形象。

二、教学设计能力

（一）培训目标与内容设计

1. 培训目标

培训目标是指培训活动的目的和预期成果，可以是长远目标，也可以是阶段性目标或某项目的具体目标。目标可以针对每一培训阶段设置，也可以面向整个培训项目来设定。培训是建立在培训需求分析的基础上，培训需求分析明确了员工所需提升的能力，下一步就是要确立具体且可测量的培训目标。有了培训目标，学员学习才会更加有效。所以，确定培训目标是学员工培训必不可少的环节。

国家电网公司的专兼职培训师，设计培训目标一方面要参考《国家电网公司生产现场技能人员岗位培训规范》中所规定的Ⅰ级、Ⅱ级、Ⅲ级的知识与能力项，另一方面要参照培训需求调研的结果，有针对性地分析学员的知识和能力水平、学历背景、工作经验以及学员主管部门的培训要求，加以综合考虑。

2. 培训内容设计方法

培训内容的设计分为知识内容设计和能力内容设计两大部分。

知识内容设计侧重于课程中对学员的理论基础、制度标准、文化背景等知识内容的提炼和概括，通常用"了解……内容""理解……原理""掌握……方法"等句式描述。能力内容设计侧重于课程中对学员的基本技能、专业技能、安全技能等能力型内容的概括和总结，通常用"会使用……""能完成……操作""能用……方法分析……问题"等句式描述。

知识目标和能力目标的实现分散在整个培训过程中间，往往是互相结合、共同完成的。同时，培训师在设计知识内容和能力内容的过程中，还要对企业核心价值观、企业宗旨、企业目标与个人职业生涯规划等企业文化、自我管理方面的内容加以综合考虑。

课程内容的设计应体现以下几个原则：①以理念传授和技能提升为主，围绕课程目标，激发学员学习兴趣，变"要我学"为"我要学"；②知识尽量系统化、结构化，便于学员理解和记忆；③控制知识点的量，适当加强演练；④案例包装；⑤充分考虑授课时长的影响。

因此，培训师在进行课程内容选择与设计时，应舍得做减法。要坚决杜绝那种拿来一本书就从头讲到尾的机械性说教,而要总结自己的经验、现场的要求和自己对课程的理解,对要讲授的课程大刀阔斧地改造和提炼,对核心理念和关键技能不厌其烦地反复加以演练和巩固,以达到切实的培训效果。

(二)培训教学过程与方法设计

1. 了解培训过程

培训过程是一种特殊的认识过程,也是一个促进学员身心发展的过程。在培训过程中,培训师有目的有计划地引导学员能动地进行认识活动,自觉地调节自己的志趣和情感,循序渐进地掌握专业知识和基本技能,以促进学员智力、体力、品德、审美情趣的发展,并为学员奠定科学世界观的基础。

培训师、学员和培训内容是培训过程的三个要素。培训师是履行教育培训职责的专业人员,向学员传授专业知识,引导他们树立科学的世界观、人生观,指导学员主动、有效地学习,营造良好的培训氛围,促进学员健康、快速地成长;学员既是培训的对象又是培训的主体,在"教"与"学"的矛盾中,学员的学是培训中的关键,培训师的教应围绕学员的学展开;培训内容,是培训活动中培训师作用于学员的全部信息,包括培训目标,培训的具体内容、课程、培训方法和手段,培训组织形式,反馈和培训环境等子要素。

2. 培训方法的类型

(1)讲授法

讲授法是培训师通过简明、生动的语言向学员传授知识、发展学员智力的方法。它通过叙述、描绘、解释、推论来传递信息,传授知识,阐明概念,论证定律和公式,引导学员分析和认识问题。

讲授法的优点是培训师容易控制培训进程,能够使学员在较短时间内获得大量系统的知识。但如果运用不好,学员学习的主动性、积极性不易发挥,就会出现培训师满堂灌、学员被动听的局面。

(2)讨论法

讨论法是在培训师的指导下,学员以班或小组为单位,围绕教材的中心问题,各抒己见,通过讨论或辩论,获得知识或巩固知识的一种培训方法。优点在于,全体学员都参加活动,可以培养合作精神,激发学员的学习兴趣,提高学员学习的独立性。一般在高层次学员或成人培训中采用。

（3）演示法

演示法是培训师在课堂上通过展示各种实物、直观教具或进行示范性实验，让学员通过观察获得感性认识的培训方法。它是一种辅助性培训方法，要和讲授法、讨论法等培训方法结合使用。

（4）任务驱动法

培训师给学员布置探究性学习任务，学员查阅资料，整理知识体系，再选出代表讲解，最后由培训师总结。任务驱动培训法可以以小组为单位进行，也可以个人为单位进行。它要求培训师布置任务要具体，其他学员要积极提问，以达到共同学习的目的。任务驱动培训法可以让学员在完成"任务"的过程中，培养分析问题、解决问题的能力，培养学员独立探索能力及合作精神。

（5）示范培训法

在培训过程中，培训师通过示范操作和讲解使学员获得知识、技能。在示范培训中，培训师对实践操作内容进行现场演示，一边操作，一边讲解，强调关键步骤和注意事项，使学员边做边学，理论与技能并重，较好地实现了师生互动，提高了学员的学习兴趣和学习效率。

一般来讲，理论培训、50人以上的中型或大型班级的培训宜用讲授法，40人及以下的小班培训可适当选择讨论法、任务驱动法等方法。

（三）培训考核设计方法

1. 培训考核的功能

培训后考核的功能一般分为以下几个方面：

检查学员是否按照培训计划完成培训、掌握相应的知识与技能、实现态度的转变，达成培训目标。

通过分析学员对各个问题答案的变化，培训师能够从中看出自己在哪些方面取得了成功，在哪些方面还做得不够。培训师再进行这种类型的培训项目时，就可以设计其他一些技巧或辅助手段，从而提高学员达到学习目标的概率。

检查实训室的功能是否齐全完善，是否能起到全面检验学员知识与能力的作用。

作为学员学习过程的一个记录，通过历史性的纵向比较，可以发现学员知识和技能掌握的强项与弱项，在后续培训设计过程中加以弥补和改进。

培训考核还具有选拔性功能，通过量化学员的学业，可以直观地挑选出某方面的优势人选,供人力资源部门选择使用。

如果学员还接受其他一些后续的培训课程,就可以将学员在之前培训项目中没有掌握的内容转化成后续培训的课程目标。

2. 考核的分类

(1) 知识类

在给定的时间内,由学员完成一定数量的书面测试,测试通常有标准答案,如开卷、闭卷测试等。通过学员测试成绩来判断培训目标是否达成。这种方法的优点是量化、直观,考核范围较广,可以在短时间内完成较大数量人员的测试。缺点是重点考核了学员的书面记忆与理解能力,对其实际应用能力考核不足。同时测试的质量取决于出题人员的水平和考试的组织过程。

(2) 操作类

在给定的时间内,由培训师设计一项或几项操作任务,由学员单独或组队共同完成。这是技能培训类项目最常用的一种方式,如操作演示等。在学员完成操作项目的过程中,考察其对相应的知识和技能的掌握程度。这种方法的优点是针对性强,结果直观明了,缺点是考核范围有限,考核前的场地、设备、仪器、考核标准等准备工作较多,难以在短时间内完成较大规模的考核。

(3) 教育类

培训完成后,由参培学员针对所学习的内容,完成一定字数的读后感、学习心得、论文、案例等,以检查其学习效果,有时还安排适当的答辩过程。这种方式一般用于管理人员的培训效果评价,优点是简单易行,无须过多的事先准备过程。缺点是难以量化评价,学员的文字能力与水平往往代替不了其理解和判断能力,而且难以保证是由学员自主完成的,内心感受的真实性有待判别。

3. 培训考核的设计原则

培训考核设计是为了最大限度地评价学员掌握相关知识和技能、完成培训目标的程度。在设计考核项目与方式时,一般要考虑以下几个因素:

考核目标是否紧密围绕培训方案与计划,最大限度地体现对核心知识点和关键技能项的理解、记忆和熟练掌握的要求。

考核内容是否全面覆盖了相关知识、技能、态度的转变要求。

考核形式的选择是否满足时间、场地、气候、设备、考评人员水平的限制。

考核的内容与形式选择是否与社会上同类型培训项目的考核评价方式相一致,具备对等的评价可比性。

(四)培训教案

教案的编写要点包括以下几点:

1. 导入新课

(1)温故而知新,提问、复习上次课的内容。

(2)怎样进行,复习哪些内容?

(3)提问哪些学员,需用多少时间等。

(4)设计要新颖活泼,精当概括。

2. 讲授新课

(1)针对不同的培训内容,选择不同的培训方法。

(2)怎样提出问题,如何逐步启发、诱导?

(3)培训师怎么教?学员怎么学?详细步骤安排,需用时间估计。

3. 巩固练习

(1)练习设计精巧,有层次、有坡度、有密度。

(2)怎样进行,谁来黑板前板演?

(3)需要多少时间?

4. 归纳小结

(1)怎样进行,是培训师还是学员归纳?

(2)需用多少时间?

作业处理要考虑布置哪些内容,要兼顾知识的拓展性、能力提升;需不需要提示或解释。

教案是针对社会需求、专业或项目特点及教育对象,具有明确目的性、适应性、实用性的培训研究成果的重要形式之一,教案应是与时俱进的。

二、教学研究能力

(一)教学研究的意义

教研活动是以促进学员发展和培训师专业进步为目的的;以培训课程实施过程和培训教学过程中,培训师所面对的各种具体的培训教学问题为研究对象,以培训师为研究主体,以专业研究人员为合作伙伴的实践性研究活动。

教研活动的主要目的是切实提高全体培训师的专业素质，增强培训师的课程实践能力。

因此，基本点必须放在培训教学和培训课程设计实施中，培训师所遇到的实际问题上，着眼点必须放在理论与实际的结合上，切入点必须放在培训师培训教学方式和学员学习方式的转变上，生长点必须放在促进学员发展和培训师自我提升上，在全面实施的基础上深度推进培训教学课程设计水平。

（二）做好教研活动记录的方法

记录格式包括活动主题、活动时间、活动地点、主讲人、活动参与及听讲人。活动过程记录要实事求是，记录真实内容，反映真实过程，体现真实场景。

1. 内容记录

如果是集体讨论、经验交流，要注意记录每一位培训师的发言，文字要简洁；如果是讲座，要注意记录讲座的主要内容，重视条理性，文字要整洁；如果是理论学习或技术培训，要列出相关资料并摘录主要观点，或学习心得；如果是课题调查，要附调查问卷和问卷分析。

2. 过程记录

在活动过程中，围绕内容讲解会有许多互动，要记录互动场景、互动效果等主题内容。记录时必须体现真实的场景，反映真实过程。

第四篇　配电网实训课程

- 配电网实训课程实例
- 配电网实训课程作业标准书示范

第八章 配电网实训课程实例

第一节 实训课程设计原则

一、工作标准

对专业的工作标准总结提炼,梳理出工作内容。

二、工作分解

根据工作标准进行工作,将工作任务分解成若干任务项(包括:核心项目、辅助项目),形成培训单元,针对培训单元梳理出主要步骤和关键点;按 TWI 培训工作指导的方法步骤分别编制《工作分解表》。

三、操作标准

依据以上工作分解,梳理出各步骤的技术操作标准。

四、情境案例标准书

编制形成各专业的标准书。

五、课程设计原则

原则一:要以现场为中心。把现场的问题和实习素材带入教室,通过讨论和实际操作进行,具体,实践性强。

原则二:比起知识更强调技术,比起"应知",更重视"应会",理论知识可以通过多种信息渠道获取,网络上海量的知识,因此,应以现场实训经验或成功案例为主,实训师教会学员工作方法,反复实训,让学员多想、多思考、多练习、多尝试,有成果、有成效。

原则三:"任务导向"而非"学科中心"。讲义通俗易懂,有速效性,易于执行。以模拟演练为主,而非以学习记忆为主。

原则四:以"体验"为主,而非以"讲授"为主。一个人要成长要进步一定需要体验,只有体验后才能真正学到东西。体验有五个步骤:尝试→行动计划→反思→观察/体会→发现/挖掘。

原则五:课程设计满足不同员工需求,需求分为初级、中级、高级。

初级：主要针对新员工，对刚毕业或刚转入公司不久的员工授课。实训主要针对三个词进行：Why、What、How。对于新员工不需要讲得很深，但要求面面俱到。Why，告诉他们为什么去做；What，教他们做什么；How，教他们怎么做。

中级：员工有一定的工作经验，实训时需要有一定的深度。在课程设计开始前，先去调查，收集汇总20%的问题，这20%的问题是80%的员工会遇到的，就是易错点，编入实训课程表格内，这样有针对性的思考能解决大部分员工的问题，从而提升公司整体状况。

高级：针对老员工的实训教导。实训课程做基础，带着一帮专家，一起解决企业的"病构"问题，头脑风暴，团队共创，可以对工作流程进行修改完善。

第二节　作业标准书制作指南

作业标准书，一般称为"OS"，在电网现场工作中十分常见，一般包含工作范围、引用文件、工作前准备、作业程序四部分内容，通常用于指导现场工作。将作业标准书表格化，是本书中课程设计中重要的一环。

通过系统的规划，建设运行模型，按部就班地施行，争取做到"事有所知，物有所管，人尽其职，物尽其用"。表格完成后，由制作人或实践人一对一教导实训，在表格适用场合时，可根据表格的提示，毫无遗漏地完成这项工作。

如何制作一张精益化的表格，并且真实有效？如图8-1所示。

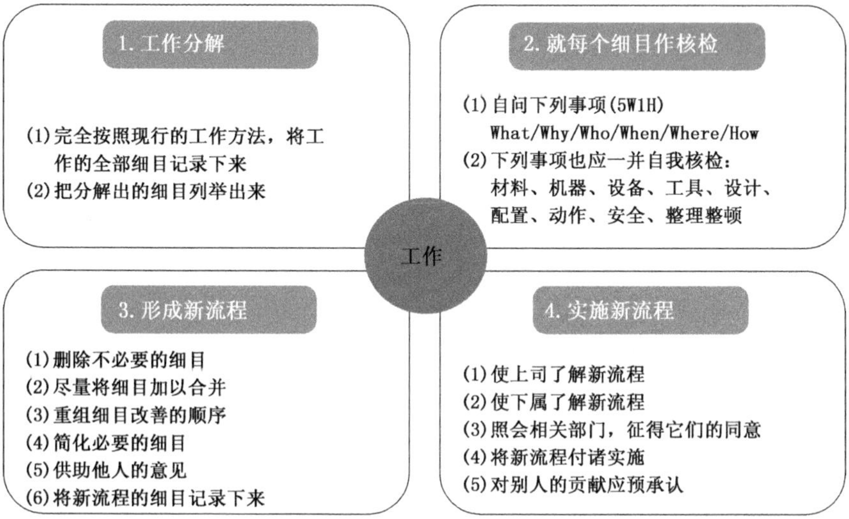

1. 工作分解
(1) 完全按照现行的工作方法，将工作的全部细目记录下来
(2) 把分解出的细目列举出来

2. 就每个细目作核检
(1) 自问下列事项(5W1H)
What/Why/Who/When/Where/How
(2) 下列事项也应一并自我核检：
材料、机器、设备、工具、设计、配置、动作、安全、整理整顿

3. 形成新流程
(1) 删除不必要的细目
(2) 尽量将细目加以合并
(3) 重组细目改善的顺序
(4) 简化必要的细目
(5) 供助他人的意见
(6) 将新流程的细目记录下来

4. 实施新流程
(1) 使上司了解新流程
(2) 使下属了解新流程
(3) 照会相关部门，征得它们的同意
(4) 将新流程付诸实施
(5) 对别人的贡献应预承认

图8-1　表格制作思路

一、工作分解——细目呈现

了解工作环境。知道工作内容、需求以及边界,即需要做到什么程度工作完成。

罗列工作流程。对工作流程进行管控,梳理、分解工作流程,将现行作业的实际状况,正确地、完整地加以记录,掌握与作业有关的所有事实。

工作细化分解。工作分解必须要在现场一面观察一面进行。单凭假定和想象是不能掌握事实真相的。

将每一个细目,按顺序毫无遗漏地加以调查。

作业中的每个动作都可看作为一个细目。细目分得愈细致,对细目的核检就会愈彻底,相应的,工作步骤也就可以做得愈全面。依据前面提到的工作需求来决定要把作业分解到哪一范围。

细目尽可能地取小一些,要毫无遗漏地记录每一条细目,包括等待的动作。细目需要正确表达,如"检查物品"描述不明确,可以根据实际改为"观察物品的伤痕"。

二、就每一个细目作核检

(一)对每一个细目进行六项自问(5W1H)

为什么需要这样做(Why)?

这样做的目的是什么(What)

在什么地方进行最好(Where)?

应该在什么时候做(When)?

什么人最适合去做(Who)?

要用什么方法做最好(How)?

(二)收集整理构想

产生构想时的处理方法。

在自问之前有了构想应当怎样做。

在自问完毕之后有了构想应当怎样做。

三、对细目进行梳理

(一)展开的顺序

必须按照删除、合并、重组、简化的顺序进行。

(二)合并的注意事项

这里所谓的合并,是指对于细目的必要合并,而并不是指物品的合并。

(三) 简化(改善)的四项原则

在进行 5W1H 分析的基础上,可以寻找工序流程的改善方向,构思新的工作方法,以取代现行的工作方法。运用 ECRS 四原则,即取消、合并、重组和简化的原则,可以帮助人们找到更好的效能和更佳的工序方法。

取消(Eliminate):"作业要素能完成什么,完成的有否价值?是否必要动作或作业?为什么要完成它?""该作业取消对其他作业或动作有否影响。"

合并(Combine):如果工作或动作不能取消,则考虑能否可与其他工作合并,或部分动作或工作合并到其他可合并的动作或作业中。

重排(Rearrange):对工作的顺序进行重新排列。

简化(Simplify):指工作内容和步骤的简化,亦指动作的简化,能量的节省。

表 8-1 简化的四项原则

序号	步骤	目的
1	取消	杜绝浪费 去除不必要的作业
2	合并	配合作业 同时进行 合并作业
3	重排	改变次序 改用其他方法 改用别的东西
4	简化	连接更合理 使之更简单 去除多余动作

三、表格填写

TWI 实训课程表格如图所示,分为 7 个区。

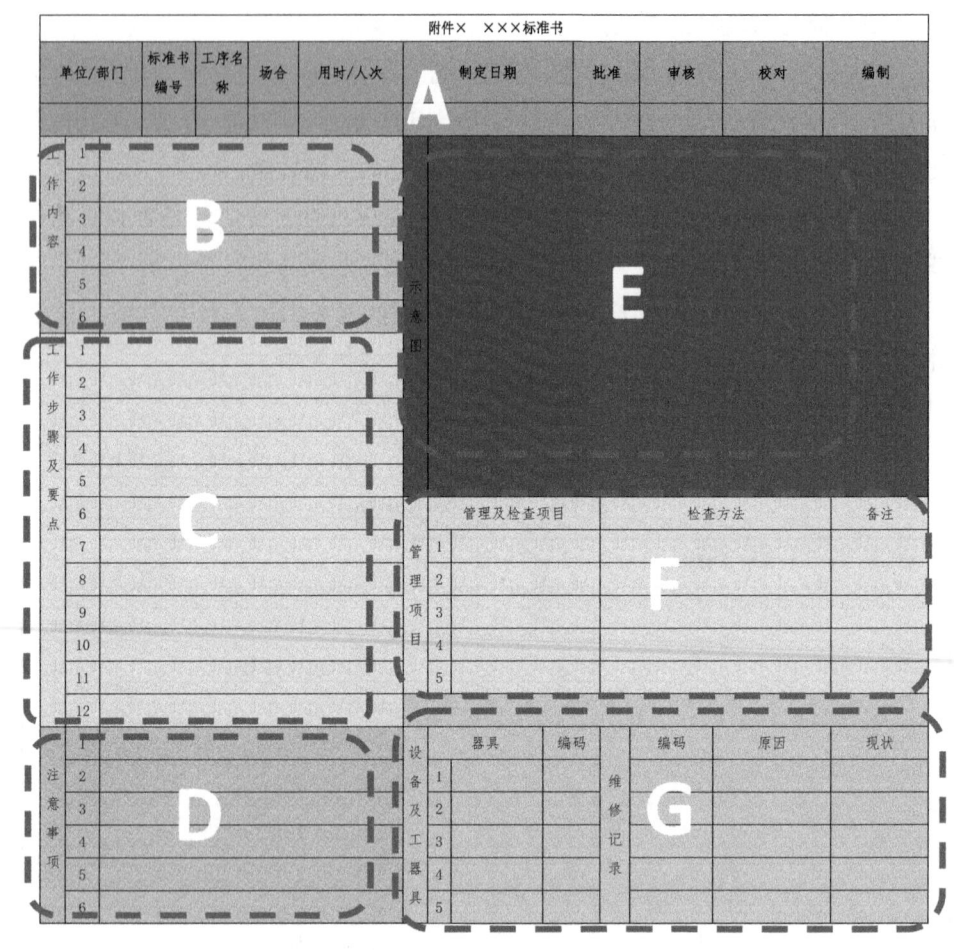

图 8-2　课程设计表格

A 区：明确工作环境，把握现状

(1) 工作内容：×××作业标准书，首先明确工作的主要目的，如调度值班操作标准书。

(2) 单位/部门：工作主体部门。

(3) 标准书编号：按照编号原则确定标准表格编号，可以复杂编号，体现工作部门和工作岗位，如 DD-ZBY-02 调度部门值班员第二项工作内容。

(4) 工序名称：写明工作地点、工作的设备及主要工作内容。可能面临一个岗位设有多项职责和工作内容，在此要对工作内容做定义。

(5) 场合：工作现场。

(6)用时/人次:工作需要工时及人员数量要求,工作时间可以在表格完成后通过实训进行计时,多次选平均值,用时符合实际。

(7)制定日期、批准、审核、校对、编制:记录表格制作时间,以便后续进行完善,记录编制人员,同时对表格认真负责,设置校对、审核、批准人员,做到记录可查。

B区:明确工作内容

将总结提炼的工作尽量在总结在6个以内,如果超出,建议考虑进行简化。

C区:工作步骤及要点

填入通过上述工作分解重组形成的新流程。步骤尽量保持在12步以内。

D区:注意事项

将需要注意的安全点、疑惑点、困难点、易错点在此做提示。

E区:图示区

可以在此呈现工作流程导图,或者对工作过程中可能引起疑惑的地方或者直观地以图片进行说明。

F区:管理项目

检查方法注意标明周期、人员情况、次数。

G区:器具编码,维修记录

工作的步骤、关键点、安全点、易错点均在这一表格里呈现,内容要精简,语言干练,完成后,可以对照现场进行操作,不断对表格进行修改完善。

第三节 课程实训效果评测机制

以岗位需求为导向,以员工"会干、能干、安全干、高质量干"的实训效果作为衡量标准,将实际操作放在首位,注重一线人员技能与岗位匹配度,对TWI课程实训效果开展一对一的实训测试评定。

课程实训效果评估分为两级评估:一级评估为一线人员在TWI课程实训后的培训效果评估;二级评估为各单位对一线人员在工作现场进行实训效果评估,充分检验实训项目的实训效果。

(1)一级评估做法:实训师负责进行现场实训。受训者按照作业标准书,通过实训师现场考核操作步骤、作业工序、工器具使用等方面,开展实训效果现场化评估。

(2)二级评估做法:经过某专业 TWI 实训并完成专业中所有项目的员工取得该专业 TWI 认证,员工应能够在岗位中应用所学技能。在二级评估中,检验员工能否独立从事专业工作,实现标准化作业,达到安全、高效。实训员对员工进行跟踪检验实训效果并进行评价。根据员工技能水平、岗位适应度、岗位胜任度,对实训情况进行汇总分析,制定员工下一阶段 TWI 实训方案。

一、实训评估考核体系

(一)评估目标指标体系

TWI 实训体系评估主要按照两个类别进行评估,即单位指标、个体指标。具体目标指标体系如表 8-2 所示。

表 8-2　TWI 实训评估目标指标体系

指标类别	指标名称	目标值	指标说明
单位指标	教育实训管理规范指数	100%	按照上级、公司教育实训政策和制度实施实训工作
	实训计划完成率	100%	按实训计划组织实施项目的情况
	实训效果满意度评估	100%	检验实训的有效性与针对性
个体指标	年度人均实训时间	80 小时	检验员工实训的参与度
	考试通过率	100%	考核年度内开展的公司级及以上的考试成绩

(二)评估动态反馈机制

实训体系评估分别按照单位指标、个体指标进行评估。根据指标建立实训指标体系及动态反馈机制。具体如表 8-3 所示。

表 8-3 TWI 实训指标体系及动态反馈机制

一级指标	二级指标	考核关键描述	考核内容	目标值
TWI 实训管理规范指数	实训人次	开展 TWI 实训的广度	TWI 实训覆盖率	100%
	实训记录	记录实训过程的准确度和详细度	TWI 实训档案	齐备
TWI 实训计划完成率	实训计划	实训计划的及时、完整、准备	TWI 个人实训计划是否清晰明确、设置合理、要素完整（时间、地点、实训对象、学时、实训项目等）	齐备
		实训计划阶段性	推进与 TWI 实训进程相对应的实训计划	及时
TWI 实训效果满意度评估	实训结果	工作检查	实训内容在实际工作中的应用	实用
	成功案例	实训案例	依托 TWI 实训，开展"五小"、QC、科技创新等活动，最终形成成功案例	有
年度人均 TWI 实训时间	培训时间	TWI 培训学时	是否达到年度规定的人均培训时间，确保 TWI 实训时间充足	累计不低于 80 小时/人
TWI 实训考试通过率	考试通过率	TWI 认证考试通过率达到要求	本专业或所选专业 TWI 认证考试通过率	100%

单位指标：按照上级、公司相关实训政策和制度实施实训工作，实现实训管理规范指数 100%；依据公司整体部署，按预定实训计划完成各项实训，实现实训完成率 100%；组织员工对实训效果满意度进行量化评估，设置可量化的满意

度评估问卷,实现实训满意度100%。上述三项指标对部门进行年度绩效考核。

个体指标:每人每年度实训时间不少于80小时,以年度为单位考核实训时间(含集中实训和现场培训);每人每年度完成实训考核通过率100%;对未完成年度实训时间的个人,或是未全部通过各专业TWI实训考试的个人,在年度绩效评定中对其进行考核。

二、实训效果评估

对实训的效果评价,采用了柯氏(Donald L. Kirkpatrick)四级培训评估模式,简称"4R"(表8-4)。对于实训效果评估,总的规则是:一级评估,观察学员的反应;二级评估,检查学员的学习结果;三级评估,衡量培训前后的工作表现;四级评估,衡量公司经营业绩的变化。

表8-4 柯氏(Kirkpatrick)培训四级评估模型

评估级别	主要内容	可以询问的问题	衡量方法
一级评估:反应层评估	观察学员的反应	◇受训者是否喜欢该培训课程; ◇课程对受训者是否有用; ◇对培训讲师及培训设施等有何意见; ◇课堂反应是否积极	问卷、评估调查表填写、评估访谈
二级评估:学习层评估	检查学员的学习成果	◇受训者在培训项目中学到了什么? ◇培训前后,受训者知识、理论、技能有多大程度的提高?	评估调查表填写、笔试、绩效考核、案例研究
三级评估:行为层评估	衡量培训前后的工作表现	◇受训者在学习上是否有改善行为? ◇受训者在工作中是否用到培训内容?	由上级、同事、客户、下属进行绩效考核、测试、观察绩效记录
四级评估:结果层评估	衡量公司经营业绩的变化	◇行为的改变对组织的影响是否积极? ◇组织是否因为培训而经营得更好?	考察质量、事故、生产率、工作动力、市场扩展、客户关系维护

(一)阶段一:学员反应

在 TWI 实训结束时,向学员发放满意度调查表,征求学员对实训的反应和感受。问题主要包括:

(1)对讲师培训技巧的反应;

(2)对课程内容的设计的反应;

(3)对教材挑选及内容、质量的反应;

(4)对课程组织的反应;

(5)是否在将来的工作中,能够用到所培训的知识和技能。

学员最明了他们完成工作所需要的是什么。如果学员对课程的反应是消极的,就应该分析是课程开发设计的问题还是实施带来的问题。这一阶段的评估还未涉及实训的效果。学员是否能将学到的知识技能应用到工作中去还不能确定。但这一阶段的评估是必要的。实训参加者的兴趣、受到的激励、对实训的关注对任何实训项目都是重要的。同时,在对实训进行积极的回顾与评价时,学员能够更好地总结他们所学习的内容。

一级评估需要注意学员的反应。因为无论教师怎样认真细致地备课,只要学员对某些课题不感兴趣,他们就不会认真地进行学习;反应层评估是指受训人员对实训项目的看法,包括对材料、老师、设施、方法和内容等的看法。反应层评估的主要方法是问卷调查。问卷调查是在实训项目结束时,收集受训人员对于实训项目的效果和有用性的反应,受训人员的反应对于重新设计或继续实训项目至关重要。反应问卷调查易于实施,通常只需要几分钟的时间。如果设计适当的话,反应问卷调查也很容易分析、制表和总结。问卷调查的缺点是其数据是主观的,并且是建立在受训人员在测试时的意见和情感之上的。个人意见的偏差有可能夸大评定分数,而且,在实训课程结束前的最后一节课,受训人员对课程的判断很容易受到经验丰富的实训协调员或实训机构的领导者富有鼓动性的总结发言的影响,加之有些受训人员为了照顾情面,所有这一切均可能在评估时减弱受训人员原先对该课程不好的印象,从而影响评估结果的有效性。

(二)阶段二:学习的效果

确定学员在 TWI 课程实训结束时,是否在知识、技能、态度等方面得到了提高。实际上是要回答一个问题:"参加者学到东西了吗?"这一阶段的评估要求通过对学员参加实训前和实训结束后知识技能测试的结果进行比较,以了解是否他们学习到新的东西。同时也是对实训设计中设定的实训目标进行核对。这一评估的结果也可体现出讲师的工作是否是有效的。但此时,我们仍无法确定参加实训的人员是否能将他们学到的知识与技能应用到工作中去。

二级评估需要检查学员所学的东西。这种检查可能以考卷形式进行,也可能是实际操作;学习层评估是目前最常见也是最常用到的一种评价方式。它被用来测量受训人员对原理、事实、技术和技能的掌握程度。学习层评估的方法包括笔试、技能操练和工作模拟等。实训组织者可以通过笔试、绩效考核等方法来了解受训人员在实训前后,知识和技能的掌握方面有多大程度的提高。笔试是了解知识掌握程度的最直接的方法,而对一些技术工作,例如工厂里面的车工、钳工等,则可以通过绩效考核来掌握他们技术的提高。另外,强调对学习效果的评价,也有利于增强受训人员的学习动机。

(三)阶段三:行为改变

这一阶段的评估要确定实训参加者在多大程度上通过TWI实训而发生行为上的改进。可以通过对参加者进行正式的测评或非正式的方式如观察来进行。总之,要回答一个问题:"人们在工作中使用了他们所学到的知识、技能和态度了吗?"尽管,这一阶段的评估数据较难获得,但意义重大。只有实训参与者真正将所学的东西应用到工作中,才达到了实训的目的。只有这样,才能为开展新的实训打下基础。需要注意的是,因为这一阶段的评估只有在学员回到工作中时才能实施,这一评估一般要求与参与者一同工作的人员如督导人员等参加。

三级评估试图衡量学员工作表现的变化。这是为了记录学员是否真正掌握了课程内容并运用到了工作中去,如果他们没有深究学以致用,那么就说明实训对每个参加的人而言都是一种浪费;行为层的评估往往发生在实训结束后的一段时间,由上级、同事或客户观察受训人员的行为在实训前后是否有差别,他们是否在工作中运用了实训中学到的知识。这个层次的评估可以包括受训人员的主观感觉、下属和同事对其实训前后行为变化的对比,以及受训人员本人的自评。这种评价方法要求人力资源部门建立与职能部门的良好关系,以便不断获得员工的行为信息。实训的目的,就是要改变员工工作中的不正确操作或提高他们的工作效果,因此,如果实训的结果是员工的行为并没有发生太大的变化,这也说明过去的实训是无效的。

(四)阶段四:产生的效果

这一阶段的评估要考察的不再是受训者的情况,而是从部门和组织的大范围内,了解因实训而带来的组织上的改变效果,即要回答"实训为企业带来了什么影响?"可能是经济上的,也可能是精神上的,如产品质量得到了改变,生产效率得到了提高,客户的投诉减少了,等等。这一阶段评估的费用和时间,难度都是最大的,但对企业的意义也是最重要的。

四级评估要衡量 TWI 实训课程是否有助于公司业绩的提高。如果一门课程达到了让员工改变工作态度的目的,那么就需要考察这种改变是否对提高公司的经营业绩起到了应有的作用。结果层的评估上升到组织的高度,即组织是否因为实训而经营得更好了?这可以通过一些指标来衡量,如事故率、生产率、员工流动率、质量、员工士气以及企业对客户的服务等。通过对这样一些组织指标的分析,企业能够了解实训带来的收益。例如人力资源开发人员可以分析比较事故率,以及事故率的下降有多大程度归因于实训,从而确定实训对组织整体的贡献。

三、实训随堂听课评价

随堂听课评价法是评价者通过对被评价 TWI 实训师的课堂教学的直接观察,获取有关该教师的教学行为、过程、特点以及所展现出来的教学能力等第一手信息,从而能够有效地进行课堂教学的评价,并相应地提出建设性的意见,以此提高教师课堂教学能力和课堂教学效率的方法。

(一)随堂听课评价法的作用

1. 随堂听课评价法是课堂教学评价的基本形式和方法

随堂听课评价法是目前评价 TWI 实训教师课堂教学能力和效果的最主要方式。尽管课堂教学评价在向专业化、系统化、量表化、量化和质性评价相结合的方向发展,不过,由于随堂听课评价法自身的特点,使其成为进行课堂教学评价的主要形式之一。随堂听课评价法最主要的特点有两个方面:首先,评价者往往是由具有较高课堂教学水平的教师或者管理者来担任,其自身对课堂教学有很高的造诣,评价意见往往中肯、具体、有建设性;其次,随堂听课评价法相比于量表法,自由度比较大,容易实施,也有利于发挥。

2. 随堂听课评价法是了解教改动态、促进教师专业发展、提高教学质量的主要手段

随堂听课的性质、类型和方式多种多样,如有竞赛式的交流课、有研究式的示范课、有预约式的汇报课等,这些课常常能够展现教师教学的最好水平、课堂发挥的最佳状态,是新理念、新策略、新信息的集合点,特别是对于那些精心准备的汇报课而言。同时,教师教学能力的提高也是在其教学过程的不断改进中积累的。在随堂听课评价的过程中,评价者与被评价者不仅有共同关注的评价内容,而且评价过程中共同讨论、共同研究的气氛非常适宜于教师的成长。任课教师通过对自身教学能力和教学过程的反思,能够获取有效地提高自身教学能力的信息,促进自己的发展。

(二)随堂听课评价法的基本原则

随堂听课评价应该遵循以下几个方面的原则:

1. 实事求是的原则

TWI实训随堂听课评价应该本着公正、实事求是的态度,实话实说是体现评课者责任心的问题,也是给被评者学习的机会,切不可敷衍了事。要防止出现只听课不评课的现象,这样不仅执教者心里没底,听课也失去了其应有的意义。坚持实事求是的原则,还要防止在随堂听课评价中出现蜻蜓点水、不痛不痒的现象。不能出现即使有的课评了,但碍于情面,评课敷衍了事,走过场,"不说好,不说坏,免得惹人怪"。应打破评课时的虚假评议,只讲赞歌,不讲缺点,打破发言只有三五人,评议只有三言两面,评课冷冷清清的局面。

2. 零距离的原则

这是要求随堂听课评价法评课应该创造一种轻松、愉快的听课和评课气氛,作为听课人员,评价者要特别注意评价对象的恐惧心理和紧张情绪,应该让评价对象意识到这是一个学习和反思的机会。同时随堂听课和课后的信息反馈也应该建立在评价双方的积极配合和相互信任的基础之上。

3. 针对性原则

评课不应该面面俱到。对一节课的评议应该从整体上去分析评价,但绝不是不分轻重、主次,而是需要有所侧重。应该根据听课目的和课型,以及学科特点,突出重点。应就执教者的主要目标进行评述,问题要集中明确,既充分肯定

特色,也大胆提出改进。

4. 激励性原则

激励性原则是指随堂听课评价法评课的最终目的是激励执教者,而不是一味挑毛病,是要让执教者听了评课后明白自己努力的方向,对以后的教学更有信心,更有勇气,而不是让他对自己的教学失去信心,甚至于质疑自己的能力。在具体操作时,应该充分肯定执教者的优点和长处,对于其存在的不足,也应该让其有解释和申辩的机会,在指出其不足的同时,能够给出明确的应该如何做的信息,不能只破不立。

(三) 随堂听课评价法的设计和应用

1. 课前的充分准备

TWI培训随堂听课评价应该收集、了解与即将要评价的课有关的资料和信息,在条件许可的情况下,可以考虑召开预备会议,向被评价者介绍评价的目的、内容,了解教师教学的实际情况,为评价活动的实施奠定基础。

具体而言,听课前应做好如下几个方面的准备:

(1) 熟悉教学目标、充分把握教学内容。课堂教学评价应该有针对性,而这个针对性来源于对教学目标和教学大纲的理解和把握,应明确这节课教学的三维目标;了解教材编排体系,弄清新旧知识的内在联系,熟知教学内容的重点、难点。

(2) 了解被评价课的教学设计。听课评课之前,应该充分了解这节课的教学设计,了解教师拓展的空间,甚至可以针对所教的内容在自己头脑中设计课堂教学的初步方案,粗线条勾勒大体的教学框架,为评课提供一个参照体系,即评课者自己如果来上这堂课,应该如何上?此外,还应该充分了解评价对象的教学设计,以便在随堂听课和课后的讨论中进行相应的评价;同时了解教学设计,也能够使得听课和评价时做到有的放矢。一般而言,对于评价对象的教学设计,应该给予充分的尊重,不能随意改变。

(3) 确定听课方式。随堂听课评课中,评价者可以选择充当旁观者和参与者,而这两种角色决定了将会有两种不同的听课方式,经验丰富的评价者往往交叉使用这两种听课方式。当评价对象进行课堂讲解时,评价者往往默默地坐在教室的一角,融入班集体但并不参与教学过程,而是对整个课堂教学进行观察;当开展小组活动时,评价者可以在教室中四处走动,观察小组活动或者参加小组活动,必要时还可向小组提供帮助。

要根据听课目的(汇报课、研讨课、指导课、检查课)确定侧重点,针对教师业务层次和水平进行评议、指导并提出不同要求。一般而言,听课的重点将集中在教学中的难点、疑点和薄弱环节上。在随堂听课之前确定听课重点,将使随堂听课更为有的放矢,从而提高听课效率,并通过课后讨论提高评价对象的教学能力,促进评价对象的未来发展。

2. 课中的仔细观察和翔实记录

听课是复杂的脑力劳动,需要评价者多种感官和大脑思维的积极参与。同时评价者要想获得理想的听课效果,在听课中就要集中精力,全身心地投入。

(1) 仔细观察。由于课堂教学成功与否不仅仅在于教师讲了多少,更在于学员学会了多少,所以听课应从单一听教师的"讲"变为同时看学员的"学",做到既听又看,听看结合。因而,在某种程度上,听课也是看课。

具体听些什么呢?一是听教师的教学过程和教学语言,仔细思考评价对象是否讲到点子上了,重点是否突出,详略是否得当;二是听评价对象讲得是否清楚明白,学员能否听懂,教学语言是否简洁清晰;三是听评价对象的提问和教学启发是否得当;四是听学员的讨论和师生之间的交流是否恰当、富有创造性;五是听课后学员的反馈。

看些什么呢?首先是看评价对象的精神是否饱满,教态是否自然亲切,板书是否合理,运用教具是否熟练,教法的选择是否得当,学法指导是否得法,实验的安排及操作是否合理,对课堂教学中出现的各种问题的处理是否巧妙……即看评价对象的主导作用发挥得如何。其次是看学员:观察整个课堂气氛,学员是静坐呆听、死记硬背,还是情绪饱满、精神振奋;观察学员参与教学活动是否积极、思维是否活跃;看各类学员特别是后进生的积极性是否被调动起来;看学员与教师情感是否交融;看学员分析问题、解决问题的能力如何……即看学员主体作用发挥得如何。

(2) 详细记录。听课记录是重要的教学资料,是教学指导与评价的依据,应全面、具体、详细。其中可以包括情境创设、教师点拨与引导、师生的双边活动、教法选择、学法运用、练习设计、教学反馈、课堂的亮点与失误等,还可包括听课者的评析与建议。

总的来说,听课记录主要包括两个方面的内容:一是课堂教学实录;二是课堂教学评点。通常在听课记录本上的左边是实录,右边是评点。

课堂教学实录中,第一是教学的基本信息,包括听课的时间、学科、班级、评价对象、第几课时等;第二是教学过程,包括教学环节和教学内容;第三是板书内容;第四是各个教学环节的时间安排;第五是学员活动情况;第六是教学效果。课堂教学实录有三种记录方式:一是简录,简要记录教学步骤、方法、板书等;二是详录,比较详细地把教学步骤都记下来;三是实录,即把教师开始讲课、师生活动,直到下课的所有情况都记录下来。

课堂评点是评价者(听课者)对本节课教学的优缺点的初步分析与评估,以及据此提出的相应建议。包括以下几方面:教材处理与教学思路、目标;教学重点、难点、关键点;课堂结构设计;教学方法的选择;教学手段的运用;教学基本功;教学思想等。课堂评点往往是在听课过程中的及时评点,这种点评不是听课完成之后的回顾式评点。

好的听课记录应是实录与评点兼顾,特别是做好课堂评点往往比实录更重要。

(3)认真剖析,归纳小结。认真剖析是指在听课过程中要全身心地投入,积极思考,既要抓住细节,防止思维出现断裂,影响对教学的整体认知和评价,还要做到积极思考,根据听课前的准备,认真思考评价对象的教学过程,为分析评价赢得时间,变被动听课为主动听课,并将实际教学与课前预设的方案及以往经验(听过的优秀课)进行对照,以便寻找课堂教学中突出的亮点和教学中存在的问题。

归纳小结是指对于课堂教学过程中发现的优缺点,评价者应依据教育教学理论和课程标准给予过程性评价,即指出优点在于体现了课标中哪一方面的理念,依据了什么教学原理等;同时应指出缺点与不足,怎样改可能效果更好,依据什么等,并将这些环节评点及时纳入听课记录。归纳小结主要是听课刚结束时,从自己对整个课堂教学的感受出发,进行记录和点评。

3. 课后客观评析,加强指导

课后客观评析即评课,它是指课后对所听的课进行分析整理、客观评议的过程。评课时需要针对课堂教学的不足寻找解决问题的办法,提出合理的修改建议。作出评价意见时应该充分与评价对象交流切磋。评课主要有两种模式。

（1）从师生及其交互活动来进行评价。

首先是教师的教,主要关注如表 8-5 所示四个维度。

表 8-5

维度	内容
组织能力	包括教学内容的组织、教学语言的组织、教学活动的组织等,核心是教学活动的组织能力
调控能力	看教师能否根据课堂教学进展情况与出现的问题,采取有效措施,调整教学环节,保证课堂教学任务顺利完成
教学机智	观察教师敏捷、快速地捕捉教学过程中各种信息的能力,观察其是否能灵活利用各种教学资源,果断处理课堂偶发事件,激活课堂教学
练习设计	看教师能否依据学员个体差异,设计具有弹性、开放性、实践性的练习题,达到巩固新知、拓展提高的目的,以满足不同类型学员的需要

其次是学员的学习,主要观察学员学习中的如表 8-6 所示四种状态。

表 8-6

维度	内容
参与状态	看学员是否全员参与、参与的面有多大
交往状态	看课堂上是否有多向信息联系与反馈、人际交往是否有良好的合作氛围、交往过程中学员的合作技能怎样
思维状态	看学员是否具有问题意识,敢于发现问题、提出问题,发表自己的见解,看学员提出的问题是否有价值,探究问题是否积极主动,是否具有独创性
情绪状态	看学员是否有适度的紧张感和愉悦感,能否自我调控学习情绪。有时课堂会突然爆出笑声,有时会从激烈的讨论转入冷静专注的聆听,这就是一种良好的情绪状态

（2）从课堂教学要素来进行评价。主要可以从如表 8-7 所示几个方面来进行。

表 8-7

要素	内容说明
教学目标	首先，从目标制订来看，要看是否全面、具体、适宜。全面指能从知识、能力、思想情感等几个方面确定；具体指知识目标要有量化要求，能力、思想情感目标要有明确要求，体现学科特点；适宜指以新课标为指导，符合学员年龄实际和认知规律，难易适度。其次，从目标达成来看，要看教学目标是不是明确地体现在每一个教学环节中，教学手段是否都紧密地围绕目标，为实现目标服务
教材处理	在处理教材上，是否突出了重点，突破了难点，抓住了关键。评价一节课时，既要看评价对象在知识传授时是否准确科学，更要注意分析教师在教材处理和教法选择上是否突出了重点，突破了难点，抓住了关键
教学程序	首先是看教学思路设计。教学思路是教师上课的脉络和主线，它是根据教学内容和学员水平两个方面的实际情况设计出来的。在课堂中直接表现为一系列教学措施怎样编排组合，怎样衔接过渡，怎样安排详略，怎样安排讲练等。评价教学思路设计要注意以下几个方面：一是要看教学思路设计符不符合教学内容实际，符不符合学员实际；二是要看教学思路设计是不是有一定的独创性，给学员以新鲜的感受；三是要看教学思路的层次、脉络是不是清晰；四是要看教师在课堂上实际运作教学思路的效果
教学程序	其次是看课堂结构安排。课堂结构安排是指一节课的教学过程各部分的确立，以及它们之间的联系、顺序和时间分配。课堂结构也称为教学环节或步骤。这需要考虑以下几个方面：一是计算教学环节的时间分配，看教学环节时间分配和衔接是否恰当，有无前松后紧（前面时间安排多，内容松散，后面时间少，内容密度大）或前紧后松现象（前面时间短，教学密度大，后面时间多，内容松散），看讲与练的时间搭配是否合理等；二是计算教师活动与学员活动时间的分配，看是否与教学目的和要求一致，有无教师占用时间过多、学员活动时间过少现象；三是计算学员的个人活动时间与集体活动时间的分配，看学员个人活动、小组活动和全班活动时间分配是否合理，有无集体活动过多，学员个人自学、独立思考、独立完成作业时间太少的现象；四是计算优等生和后进生的活动时间，看优、中、后进生活动时间分配是否合理，有无优等生占用时间过多、后进生占用时间太少的现象；五是计算非教学时间，看教师课堂上有无脱离教学内容，做别的事情，浪费宝贵的课堂时间的现象

续表

要素	内容说明
教学方法和手段	它包括教师教学的活动方式,还包括学员在教师指导下学习的方式,是"教"的方法与"学"的方法的统一。这需要注意以下几个方面:一看是不是量体裁衣,优选活用。一种好的教学方法总是相对而言的,它总是因课程、因学员、因教师自身特点而相应变化的,也就是说教学方法的选择要量体裁衣,灵活运用。二看教学方法的多样化。教学方法忌单调死板,教学活动的复杂性也决定了教学方法的多样性,所以,评课既要看教师是否能够面向实际恰当地选择教学方法,同时还要看教师能否在教学方法多样性上下一番功夫,使课堂教学超凡脱俗,常教常新,富有艺术性。三看现代化教学手段的运用,即看教师是否适时、适当用了投影仪、录音机、计算机、电视、电影等现代化教学手段
教师教学基本功	这里主要注意以下几个方面:一是板书。首先,好的板书应该设计得科学合理;其次,言简意赅,有艺术性;最后,条理性强,字迹工整美观,板画娴熟。二是教态。好的教态应该明朗、快活、庄重、富有感染力,仪表端庄,举止从容,态度热情,师生有良好的情感交融。三是语言。教师的教学语言应准确清楚,精当简练,生动形象,富有启发性。此外还要注意语调高低适宜,快慢适度,抑扬顿挫,富于变化。四是教法,即运用教具,操作投影仪、录音机、计算机等的熟练程度
教学效果	课堂教学效果评析包括以下几个方面:一是教学效率高,学员思维活跃,气氛热烈;二是学员受益面大,不同程度的学员在原有基础上都有进步,知识、能力、思想情感目标达成;三是有效利用课堂教学时间,学员学得轻松愉快,积极性高,当堂问题当堂解决,学员负担合理

四、训量表评价

(一) 量表评价法概述

量表评价法是传统课堂教学评价中最常采用的方法,它是事先确定好需要进行评价的指标,并给出评价的等级,在评价过程中,评价者对照课堂教学的实际状况,逐项给出相应的等级评定。根据不同的标准,课堂教学评价表有各种类型。如,根据评价主体的不同评价表有供课堂教学参与者之外的评价者使用的量表。如表8-8所示示例:"课堂教学评价表"。

表 8-8 课堂教学评价表

评价项目	评价要点	符合程度	
		基本符合	基本不符合
教学目标	(1)符合课程标准和学员实际的程度		
	(2)可操作的程度		
学习条件的准备	(3)学习环境的创设		
	(4)学习资源的准备		
	(5)学习活动的设计		
学习指导与调控	(6)学习指导的范围和有效程度		
	(7)教学过程调控的有效程度		
交流与反馈	(8)交流反馈的方式		
	(9)交流反馈的效果		
课堂教学活动	(10)学员参与教课堂活动的态度		
	(11)学员参与课堂活动的广度		
	(12)学员参与活动的深度		
课堂气氛	(13)课堂气氛的宽松度		
	(14)课堂气氛的融洽度		
教学效果	(15)问题解决的广度		
	(16)问题解决的灵活性和创造性		
	(17)教师、学员的情绪体验		
其他			
教学特色			
评课等级和评语			

(二)量表评价法的设计与使用

由于量表评价法的基础是评价量表,因此量表评价法的核心也就是评价量表的制订。而评价量表的核心又在于评价标准的制订。

量表评价法设计的一般步骤如下。

步骤一:明确评价目的和要求

课堂教学评价能够达到不同的功能,这些功能的实现是由评价目标和相应的课堂教学评价来实现的。因此,在 TWI 课堂教学评价活动中,评价目标和要求是评价的起点,不同的评价目标,其评价体系的架构内容也截然不同。如,评价的目的是了解课堂教学的基本环节是否完整,那么评价体系的重点将会在课堂教学的基本环节上;如果评价的目的是了解课堂教学中师生的互动,那么评价体系中关注更多的将是有关互动的环节。评价目的实际上体现了课堂教学评价本身的导向作用,即期望通过课堂教学评价把教学活动引入某个方面,或者在教学评价中体现某种新的思维和理念。

步骤二:建构课堂教学评价体系和标准

课堂教学评价体系和标准是课堂教学评价的基础,在课堂教学评价中,它是进行课堂教学评价的实际依据。这些标准和体系主要有以下三类。

(1)依据课堂教学的各个要素进行分析,把课堂教学分为教学目标、教学过程、教学氛围和教学效果等(表8-9),在此基础上进一步细分。这种体系的特点是结构清晰,脉络分明。

表 8-9

	一级指标	二级指标	评价结果		
			A	B	C
基本要求	1.教学目标	(1)科学性			
		(2)适切性			
	2.教学过程	(3)张弛有度			
		(4)学员参与			
		(5)有效有序			
		(6)关注差异			
	3.教学氛围	(7)师生关系			
		(8)课堂气氛			
	4.教学效果	(9)知识技能达到要求			
		(10)探究问题积极			
		(11)问题解决有效			
教学特色(发展性)					

(2)依据非固定问题来建立标准,如教学目标明确、教学重点突出、教材处理恰当、联系实际密切、教学结构合理、教学方法灵活、教态亲切自然、教师素养良好、教学效果明显等。这类评价体系虽然是以评价中的一些核心或者重点问

题为基础的,但事实上,从某种角度上仍然可以将其分解、合并为课堂教学中的各个要素,即与第一种类型的教学评价指标体系在本质上没有区别,区别只是在于不同的教学评价标准所认同或者看重的课堂教学的要素是不一样的。实际上,在第一类评价指标体系中,也没有能够完全把所有的课堂教学要素包括进去,其中通常包括教学目标、教学内容、教学方法、教学过程等主要内容,对于教学基本功、教学设计、教学组织等较少涉及。这些教学要素的缺乏,并非其不重要,而是对于评价目的而言,不是评价的重点而已。

(3) 依据课堂教学中的具体行为,将课堂教学分为教师的行为和学员的行为。在教师行为方面,强调要不断激发和引导学员的学习需要,营造和谐、民主、活跃的课堂教学气氛,创造性地使用教材,注重学员的差异,给学员提供更多思考和创造的时间和空间等。而对于学员的行为,则强调要能够积极主动地参与到学习中去,能提出学习和研究的问题,师生间有多向交流,有自己的收获与体验等。这类标准明确地将教学过程中的活动依据活动对象分成了两个方面,并根据不同的教学理念和对理想教学状态的理解,规定了教学双方应该有的一些行为。

步骤三:制订评价指标的操作说明

评价指标体系通常会显得比较概括和抽象,因此对于一些不太熟悉课堂教学评价的教师而言,还具有一定的模糊程度,所以需要制订一个专门的、针对评价指标的操作说明来具体规定相应的指标在评价时的操作要点。

操作说明的内容。操作说明通常由两个部分构成:一是对评价指标的解释,即这个评价指标是什么,为什么需要有这个评价指标,它在整个评价指标体系中的作用等;二是每个具体指标的观察内容,这个观察内容实际上是对达到指标的状态的描述,而这种描述通常是用行为指标来表示的。除了相应的行为之外,还可以对具体观察时需要获得的内容进行一定程度的规定和建议。

注意事项。操作说明是对评价指标的细化,其目的是让评价者更好地理解和掌握评价指标的含义,以及评价指标所描述的状态应该是一种什么样的状态。因此,在制订评价指标的说明时,应该尽可能清楚地标明评价指标的相应含义和具体的反应行为,其实质类似于给评价指标中的关键概念下一个操作性定义。所以制订操作说明的关键是说清楚评价指标中的关键概念及其相应的行为指标;在给出相应的行为指标的时候,应该注意不要过于琐碎,也不宜建构一个过于大而全的东西,只要让评价者知道主要应该从哪几个方面来观察就能够判断这个评价指标的等级就可以了,最好不要将其细化为进一步的三级,甚至是四级指标。

步骤四:制订评价方案

评价方案是对整个课堂教学评价的实施规划,在制订评价方案时,应该考虑以下几个方面的问题:评价的具体目的是什么;评价的对象是谁;评价者是谁;评价的主要步骤如何;要采用什么样的评价方法;评价结果将用在什么地方。

通常一个完整的评价方案包括以下几个方面。

(1) 评价目的,即为什么要制订这个评价方案,大体上是对价值、应用等的一个简单描述。

(2) 评价原则,即整个评价方案的制订、指标的建构、评价的实施、结果的解释、应用等应该遵循的一些原则。在有些评价方案中,不直接提评价原则,而是提相应的评价思路或理念。从某种角度上看,评价的思路、评价的理念和评价的原则有异曲同工之妙,特别是评价的理念和评价的原则之间。评价原则是评价目的的重要保证,因此,评价原则不应过于虚幻,而应该根据具体目的提出一些相应的指导原则,如坚持发展性的原则、可行性的原则等。

(3) 评价的指标体系,是评价方案的重要组成部分,前面我们已经对这个部分作了详细阐述,这里不再赘述。

(4) 操作说明,是评价指标的具体细化、应用与评价范围的说明,是判断哪些行为、情境适用于评价指标的具体说明和解释,是对评价指标特征的说明。

(5) 评价表的使用说明,主要需要说明应用评价表的方法、步骤、程序等,也可以包括对一些评价表实施过程中应该注意的问题加以提醒。此外,还通常包括对评价表的评价结果或者等级的判断和应用进行说明。

步骤五:实施

量表评价法的实施要注意以下几个方面。

(1) 评价前。评价者应该认真阅读评价方案表,熟悉评价要点的特征描述,必要时,应该对评价者进行相应的实训。评价者对评价指标体系和操作要点的理解直接关系到评价的效度,因此在评价之前应确保评价者掌握和熟悉评价指标的具体含义和相应评价要点与行为,对于不太熟悉方案的评价者可以采用教学录像评价的方式进行实训。

（2）评价中。评价者应该根据评价要点做好听课记录。课堂教学评价方案中，除了那些按照教学过程来组织的评价指标之外，对于评价指标的判断和评价往往需要跨越课堂教学中的几个阶段，甚至是对整个课堂教学的说明。因此，往往需要根据评价要点，在评价过程中做好相应的听课笔记，听课笔记可以按照课堂教学的基本过程，从课堂教学的导入开始，以教、学和师生之间的活动为主要内容，并随时记录下自己相应的感受。要注意的是：听课笔记不是课堂教学实录，没有必要把课堂教学中的所有东西都记录在案；同时要熟悉整个评价指标，只有这样，才有可能随时对照课堂教学的实际情况分析出评价指标的实际情况。

（3）评价后。课堂教学评价的目的并不仅仅是简单地对课堂教学作出一个等级评定，其主要目的是促进课堂教学，因此在评价等级的判断过程中，需要综合考虑课堂教学中的各种因素，特别是需要考虑教学中教师和学员的相应意见，能够跟上课教师进行相应的讨论，从课堂教学的目标、教学设计、实施过程、教学效果等各方面进行评价。

量表评价法主要由评价者和上课的教师来进行，通常可以将上课教师的自我评价和评价者的评价结合起来，再根据相应的教学条件、教学设计、教学实施等方面的情况，作出相应的等级评定。在评价时，最好能够再写出简要的、有针对性的评语。

步骤六：评价信息的整理分析与撰写评价报告

采用量表评价的方法不是简单地进行评价量表的填写，相反，评价等级的判断还需要综合来自教学各方面对象的信息，而这个过程就是指评价信息的整理分析，即评价者对收集到的各种资料进行整理、汇总和综合，在此基础上获得评价的结果，最后在评价结果的基础上形成评价结论。

评价结论是针对评价对象的进一步发展而提出的解决目前存在问题的意见和建议，其目的是通过课堂教学评价来提高教师教学的水平，进而提高课堂教学效果。评价结论应该包括对被评价教师的课堂教学所提出的意见及进一步提高的建议，评价结论中的意见和建议应该尽可能具体和有针对性。

五、实训收益评估

在借鉴总结相关培训评估研究成果的基础上，提出"需求-实施-收益"三阶段评估模型（D-A-R模型），作为本书课程培训评估体系。

如图 8-3 的模型所示，对应培训过程的三个阶段（前、中、后），我们将培训评估划分为具有递进关系的三个层次——培训需求评估、培训实施评估和培训收益评估。不同层次的评估，评估的对象和目标各不相同，运用的具体评估技术和工具也有所差别。

图 8-3　D-A-R 三阶段评估模型

（一）培训需求评估

企业战略、工作绩效和员工发展三者目标应该具有一致性。企业要实现战略目标，必然要求完成相关岗位工作并达到目标绩效；而岗位工作由员工完成，这又要求员工具备完成岗位工作所要求的知识和技能。

从培训评估的角度来看，如果企业现状与其计划目标存在差距，我们就可以理解为，与此目标相关的工作岗位在完成目标绩效上可能存在差距；通过分析这些工作岗位的目标绩效和完成现状，找出那些存在差距的工作岗位；然后，通过分析员工知识和技能对于实现岗位绩效的影响，找出那些存在知识和技能不足的员工及其需要提升的程度，最终确定计划期内的培训对象和培训需求。因此，培训需求评估阶段，主要通过对企业的培训计划进行分析，评估其课程设置是否准确反映了企业的培训需求（图 8-4）。

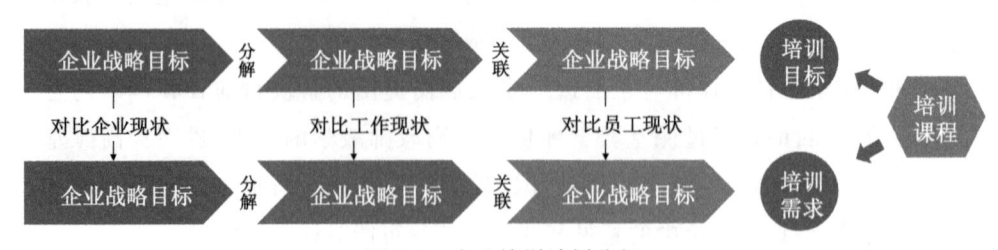

图 8-4　企业培训计划分析

以某公司销售部 2009 年培训计划为例，为配合企业战略目标，该部门计划 2008 年内将销售收入提高 30%，但实际销售收入提高仅为 22%，与计划目标存在显著差距。通过调研我们发现,与提高销售收入密切相关的新产品开发、销售渠道拓展和客户关系管理的相关数据都没有达到预期绩效目标,其中客户流失率还比上年增加了0.8个百分点。由于新产品开发不属于销售部门的职能范围,我们重点分析评估了与销售渠道拓展和客户关系管理有关的员工知识和技能。内部访谈和客户问卷调查的结果发现,一线销售团队在产品熟悉程度、客户沟通技巧和处理客户异议等三方面亟须提升。而反观该公司2009年的培训计划,员工基础知识和通用技能类课程的设置比重明显不足。这就要求2010年加强此类内容的培训力度。

(二)培训实施评估

培训实施是通过组织讲师授课和学员学习使学员能够掌握有关知识和技能的过程。在这一过程中,至少有三类人会影响培训实施的结果——培训项目组织者、培训讲师和受训学员(虽然有些时候领导的态度也会对结果产生影响,但这些影响通常通过上述三类人间接产生,此处我们不作重点讨论)。因此,我们在TWI实训实施评估阶段主要通过对实训师资、课程组织和学员满意度等方面进行分析,评估实训计划是否得到了有效执行(图8-5)。

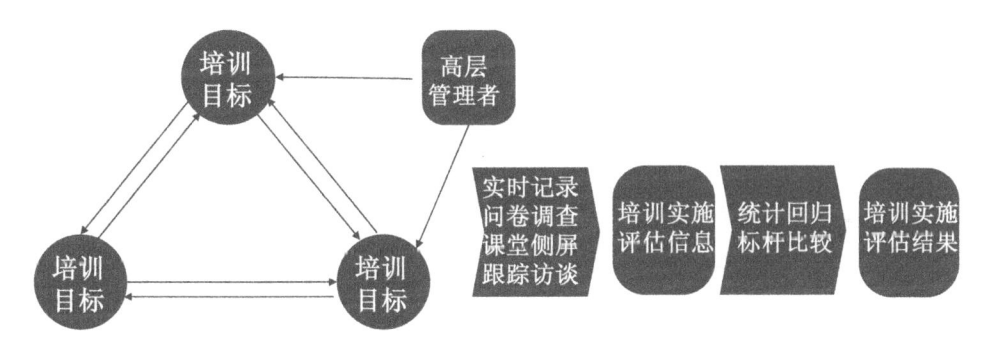

图 8-5 培训实施分析

基于上述思路,我们以某公司2009年企业高层卓越领导力项目的实施工作为例进行评估分析时发现,该项目由知名高校商学院提供,师资力量、课程设计、课程资料及授课质量等评估维度的标杆比较结果均达到预期;但调查统计结果显示,由于集中授课时间过长(4天/次),不少受训学员因业务高峰需要出现缺勤或中途早退现象,同时,出勤率降低导致了部分学员结业资格考试延期或改期,反而增加了时间支出。针对这一情况,我们建议该公司2010年企业中高层领导力项目实施时,收集受训对象的工作计划,采取增加提前通知天数和设计备选方案策略,同时适当缩短集训时长,增强学员时间安排的灵活度。

(三) 培训收益评估

任何培训项目的出发点都是为了改善组织绩效,进而获得更好的财务收益。对于企业高层管理者而言,结果性的绩效改善和收益提高是他们判断培训项目价值的最终依据。这就要求培训组织者向高层管理者汇报时能够提供关于培训收益的可靠信息。因此,TWI 实训收益评估阶段的主要目标是评估学员将实训所学知识技能应用于实际工作的程度,以及因应用带来的绩效改善。

从 TWI 实训过程来看,受训学员会将其所学到的知识和技能应用于工作当中,以实现绩效改善的目的。这些改善可能是诸如成本节约、产出增加之类的客观数据,也可能是员工满意度增加、顾客忠诚度提高等主观数据。而这两类数据的变化都会最终反映在相关财务指标的变化上。一般来说,我们需要搜集 TWI 实训前和实训后的组织绩效数据,分析绩效变化并将其转化为财务数据,同时考虑项目成本和无形收益,最终获得实训项目的投资回报率(图 8-6)。

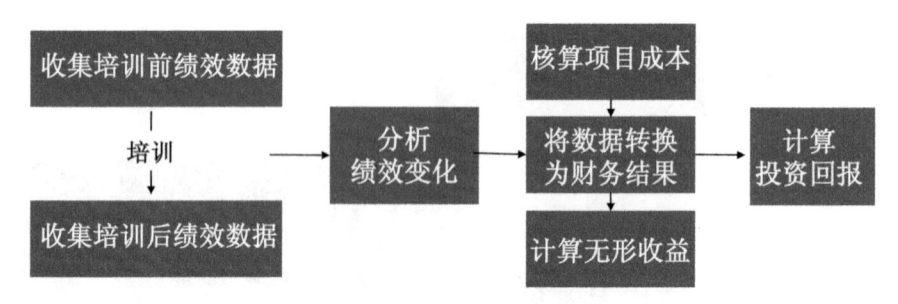

图 8-6 培训收益分析

因为影响绩效变化的因素纷繁复杂,如何确定 TWI 实训项目对于绩效改善的影响权重,就成了 TWI 实训收益评估的关键问题。例如,某公司在 2009 年 5 月份组织了一次营业厅柜员主动营销实训,以配合公司于 6 月份开始的套餐促销活动。为了评估此次实训对销售收入提升的影响,必须首先排除促销活动对销售收入变化的影响。我们首先统计了过去一年内公司的所有促销活动与销售变化数据,通过回归分析得出了两者之间的线性关系,并以此预期本次促销活动对销售变化的影响。另外,我们还分析了购买促销套餐用户填写的调查问卷,用来评估促销和主动影响在影响顾客购买决策时的权重及置信区间。

同时，我们发现套餐的销售收入在过去半年内处于低速增长状态，并预计这一状态会继续保持。因此，将实际销售收入变化的百分比减去促销活动影响百分比和基准增长百分比所得数字，就可以认为是主动营销实训的收益。结合实训成本，我们也就很容易得出实训项目的投资回报率。

第九章 配电网实训课程作业标准书示范

配电网包含规划、运行、检修、营销、安全等多个专业,本章将选取部分工作场景进行示范,可以参考以下作业操作标准书(表9-1),理解实训课程设计,类比制作符合自己工作的标准书。

表9-1 作业标准书一览表

一级分类	二级分类	作业项目	编号
配电网运行专业	配电网调度监控	电网运行监控作业	1.1.1
		调度运行交接班	1.1.2
		配电网保电值班	1.1.3
		电网检修工作的受理、批复、开工及完工	1.1.4
	配电网数据运行管理	运检服务分析报告	1.2.1
		支撑业务流程	1.2.2
		同期线损分析报告	1.2.3
	配电网巡视作业	配电线路巡视	1.3.1
		10 kV 配电线路故障巡视	1.3.2
		室内巡视	1.3.3
		10 kV 配电设施清扫及停电消缺	1.3.4
配电网检修专业	配电网运维作业	工作票	2.1.1
		执行调度指令操作	2.1.2
		10 kV 配电线路倒闸操作	2.1.3
		普通拉线安装	2.1.4
		低压 JP 柜安装、更换	2.1.5
	配电网带电作业	普通消缺及装拆现场作业	2.2.1
		10 kV 电缆线路综合不停电作业	2.2.2
配电网安全管理	现场安全管理	施工安全检查	3.1.1
		日常安全检查	3.1.2
	安全设备使用	验电器	3.2.1
		放电杆	3.2.2
		安全带、个人二防	3.2.3
		心肺复苏急救法	3.2.4

本章附录：

1 配电网运行专业

1.1 配电网调度监控

1.1.1 电网运行监控作业

附表1-1-1 电网运行监控作业

单位/部门	标准书编号	工序名称	场合	用时/人次	制定日期	批准	审核	校对	编制
		电网运行监控	监控大厅						

		工作内容			工作步骤及要点	
1	调度员接班			1	调度员接班	
2	电网运行状态监视			2	通过调度自动化系统或其他方式对电网运行情况进行监控	
3	判断电网运行状态			3	及时与现场运行人员核对设备的运行情况	
4	电网运行状态调控			4	根据各方信息确认分析,确认电网运行状态	
5	调度员交班			5	根据电网运行情况和所处状态制定相应处理措施	
6						

示意图

续表

单位/部门	标准书编号	工序名称	场合	用时/人次	制定日期	批准	审核	校对	编制
		电网运行监控	监控大厅						

		管理及检查项目	检查方法	备注
工作步骤要点	6	电网两个正常运行状态之间转变,值班调度员针对当前运行方式进行预防性安全分析,制定相应的应急预案,保证电网稳定运行	管理项目	1 值班人员	检查值班成员精神状态良好
	7	电网进入紧急状态(事故状态),值班调度员通过人工操作尽快恢复有选择地切除故障,提高系统安全稳定性,避免事故扩大或系统瓦解		2	
	8	电网为恢复状态,值班调度员采取措施恢复用户供电、系统恢复正常状态		3	
	9	调度员交班		4	
	10			5	
	11			6	
	12				
注意事项	1	明确电网正常运行状态、事故状态的判断依据	设备及工器具	编码	器具	现状	原因	编码	维修记录
	2	调度员应及时将事故处理情况及处理进度向上级调度机构、上级领导及相关单位汇报		1					
	3			2					
	4			3					
	5			4					
	6			5					

1.1.2 调度运行交接班

附表 1-1-2 调度运行交接班作业

单位部门		标准书编号		工序名称	场合	用时/人次	制定日期	批准	审核	校对	编制
				交接班							
工作内容	1	交班准备工作									
	2	接班准备工作					示意图				
	3	开始交接班，交接班调度员双方签名									
	4										
	5										
	6										
工作步骤及要点	1	交班调度员核对监控系统信息									
	2	交班调度员核对调度生产信息									
	3	交班调度员填写交接班记录，将有关资料用具收集齐全并摆放整齐									
	4	接班调度员查阅调度生产信息									
	5	接班调度员查阅相关运行资料									

续表

单位/部门	标准书编号	工序名称	场合	用时/人次	制定日期	批准	审核	校对	编制
		交接班							

工作步骤及要点		
6	接班调度员掌握工作完成情况、遗留问题及接班条件	
7	判定具备交接班条件	
8	开始交接班工作,交接班调度员双方在交接班记录上签名,交接班手续履行完毕。	
9		
10		
11		
12		

注意事项		
1	交班调度员提前十分钟做好交班准备工作	
2	接班调度员提前十分钟到岗	
3	接班调度员掌握电网运行方式、设备运行状态及当前天气等信息	
4		
5		
6		

编码	管理及检查项目	检查方法	备注
1	值班人员	检查值班成员精神状态良好	
2			
3			
4			
5			
6			

编码	设备及工器具	维修记录	
		现状	原因
1	器具		
2			
3			
4			
5			

1.1.3 配电网保电值班

附表 1-1-3 保电值班日志

单位/部门		标准书编号	工序名称	场合	用时/人次	制定日期	批准	审核	校对	编制
			填写暑期值班日志	保电值班						
工作内容	1		监测保电区域设备运行情况			示意图				
	2		填写保电值班日志							
	3		设备运行异常，与内外部加强沟通联动							
	4									
	5									
	6									
工作步骤及要点	1		填写保电值班人员姓名、日期和天气等基本信息							
	2		按照"三值三运转"模式，填写值班时间范围							
	3		登录 D5000 系统，查看保电区域电网负荷、频率等信息							
	4		登录 PMS 或供电服务指挥系统，填写保电区域报修数量							
	5		再次查看 D5000 系统，填写保电区域重要用户负荷情况							

续表

单位/部门	标准书编号	工序名称	场合	用时/人次	制定日期	批准	审核	校对	编制
		填写暑期值班日志	保电值班						

	工作步骤及要点	管理及检查项目	检查方法	现状
6	准确填写值班日志	1. 值班人员	检查值班成员精神状态良好	
7	发现电网异常运行,及时向部门领导汇报,与上级应急值班人员沟通	2		
8	开始交接班工作,交接班调度员双方在交接记录上签名,交接班手续履行完毕	3		
9		4		
10		5		
11		6		
12				

	注意事项	设备及工器具		维修记录
		编码	原因	备注
1	恶劣天气期间,密切关注负荷变化和报修情况	1		
2	恶劣天气期间,强化值班值守,保证监视大厅安全运行	2		
3		3		
4		4		
5		5		
6				

1.1.4 电网检修工作的受理、批复、开工及完工

附表 1-1-4 电网检修工作的受理、批复、开工及完工

单位部门		标准书编号		工序名称	场合	用时/人次	制定日期	批准	审核	校对	编制
				电网检修工作的受理、批复、开工及完工							
工作内容	1			检修工作申请			示意图				
	2			检修工作批复							
	3			工作许可							
	4			工作完工							
	5			恢复供电							
	6										
工作步骤及要点	1			运行单位前一日11时前向调度申请工作							
	2			对电话申请调度员记入检修申请记录，书面申请调度员办理后放入检修申请夹中，并记入运行记录							
	3			调度员根据申请17时前予以批复							
	4			上级及其他调度设备以其批复为准							
	5			调度员通知申请单位及有关部门工作批复情况							

续表

单位/部门	标准书编号	工序名称	场合	用时/人次	制定日期	批准	审核	校对	编制	备注
			电网检修工作的受理、批复、开工及完工							

工作步骤要点	6	副职调度员拟定调度预令		
	7	正值调度员审核并发布调度预令		
	8	检修当日计划停电时间前副职调度员拟定调度操作指令		
	9	到计划停电时间正值调度员审核并发布调度操作指令		
	10	操作完毕后许可工作,并做好记录		
	11	确认所有工作全部结束,在记录本做好记录		
	12	相关设备恢复运行		
注意事项	1	步1对于上级调度直接调管设备,调度员在12时前向上级调度申请		
	2	涉及上级及其他调度调管权限时调度员及时向其申请,并做记录		
	3			
	4			
	5			
	6			

	编码	管理及检查项目	检查方法	现状
管理项目	1	值班人员	检查值班成员精神状态良好	
	2			
	3			
	4			
	5			
	6			

	编码	器具	原因	
设备及工器具	1			维修记录
	2			
	3			
	4			
	5			

1.2 配电网数据运行管理

承接省公司供服指、供电可靠性、同期线损、配电运维、配电网调度五大支撑业务,配电网调度支撑业务由专人负责,梳理支撑业务常规工作流程,可指导其他专责保质保量完成支撑业务。

1.2.1 运检服务分析报告

附表1-2-1 支撑业务流程作业指导书

单位/部门	标准书编号	工序名称	场合 支撑业务	用时/人次	制定日期	批准	审核	校对	编制
工作内容	1	梳理运检服务分析报告							
	2	编制运检服务专项流程							
	3					配电运维主要负责公司配电网检测、带电检测、配电网不停电作业状况、设备故障（缺陷）、设备统计分析,推进电缆精益化管理平台、常规工作是编制配电运维作业现场管控App建设工作,督导地市公司做好配电网运检月报工作				
	4								
	5								
	6								
工作步骤及要点	1	登录35598业务支持系统,综合查询菜单—报修查询,选择报修日期、报修公司等关键信息,在更多条件里一次办结选否,点击查询按钮							
	2	导出报修工单明细,在AD列（案单列）删除空白项,筛选出下派的工单							
	3	结合报修工单明细,从区域、类型、时间、服务满意度等多维度深入分析			示意图					
	4	查看95598业务支持系统,公司工单明细,投诉日期,在省远程查询按钮							
	5	导出投诉工单明细,在H列（一级类型）里筛选出运检类投诉工单（电网建设、供电质量、停电三类投诉）							

续表

单位/部门	标准书编号	工序名称	场合	用时/人次	制定日期	批准	审核	校对	编制
		运检服务分析报告	支撑业务						

工作步骤及要点		
6	结合投诉工单明细、从区域、类型、时间等多维度深入分析	
7	查看95598业务支持系统,综合查询菜单—停电信息,选择停电时间,点击查询按钮	
8	导出停电信息明细,筛选出长时停电、频繁停电线路	
9	汇总报修、投诉、供电质量数据,编制运检服务专项分析报告	
10		
11		
12		

管理项目	管理及检查项目	检查方法	备注
1	数据核对	与PMS、供服系统核对工单数量	1次/月
2			
3			
4			
5			
6			

设备及工器具	编码	器具	
1			
2			
3			
4			
5			

注意事项		
1	严格把控工单数据,禁止外泄	
2		
3		
4		
5		
6		

维修记录	编码	原因	现状

1.2.2 支撑业务流程

附表 1-2-2 支撑业务流程作业指导书

单位/部门	标准书编号	工序名称	场合	用时/反次	制定日期	批准	审核	校对	编制
		配电运维分析报告编制流程	支撑业务						
工作内容	1	梳理配电运维分析报告							
	2	编制配电运维专项分析报告							
	3								
	4								
	5								
	6			示意图					
工作步骤及要点	1	按照公司设备部要求,下发配电运维需求数据、报告模板							
	2	与地市公司加强沟通,督导及时报送数据等相关报告材料							
	3	校核地市公司上报的数据							
	4	汇总配电网基本情况:规模、网架、涉电状况							
	5	汇总分析配电网故障情况							

续表

单位/部门		标准书编号		工序名称		场合	用时/人次	制定日期	批准	审核	校对	编制
工作步骤及要点	6	汇总分析配电网异常配变情况				支撑业务						
	7	汇总分析配电网缺陷情况				配电运维分析报告						
	8	汇总分析配电网带电检测情况										
	9	汇总分析配电网不停电作业开展情况										
	10	编制配电运维专项分析报告										
	11											
	12											
注意事项	1	严格把握配电运维数据,禁止外泄										
	2											
	3											
	4											
	5											
	6											

管理及检查项目		检查方法	备注
1	月度报表	校核	1次/月
2			
3			
4			
5			
6			

设备及工器具	编码	器具	编码	现状	原因
1					
2					
3					
4					
5					

维修记录

1.2.3 同期线损分析报告（更新完善）

附表1-2-3 支撑业务流程作业指导书

单位/部门		标准书编号		工序名称		场合	用时/人次	制定日期	批准	审核	校对	编制
				同期线损编制流程		支撑业务						
工作内容	1			梳理同期线损分析报告								
	2			编制同期线损专项分析报告								
	3											
	4											
	5											
	6											
工作步骤及要点	1			线损组织&指标体系的不同及变化			示意图					
	2			报表记录、修改公式								
	3			线损系统抄数								
	4			数据公式计算指标								
	5			分压达标-合格除地市								

续表

单位/部门	标准书编号	工序名称	场合	用时/人次	制定日期	批准	审核	校对	编制
		配电运维分析报告	支撑业务						

工作步骤及要点

6	高损得分=比去年底,计划占比	
7	Vlookup总达标排序排名高-低	
8	分析高损、低损数据,得分排名、纵横对比	
9	差异同题,分析记录	
10	根据指标指标数据,编制同期线损专项分析报告	
11		
12	严格把控同期线损数据,禁止外泄	

管理项目	管理及检查项目	检查方法	备注
1	数据分析表	计算	1次/月
2	月度报表	校核	1次/月
3			
4			
5			
6			

设备及工器具	编码	原因	现状
1			
2		维修记录	
3			
4			
5			

注意事项

1.
2.
3.
4.
5.
6.

1.3 配电网巡视作业

1.3.1 配电线路巡视

附表1-3-1 配电线路巡视

单位/部门		标准书编号		工序名称	场合	用时/人次	制定日期	批准	审核	校对	编制
				线路巡视							
工作内容	1	下派、接受主动巡视工单									
	2	开展巡视工作									
	3	填写巡视记录									
	4	及时工作汇报									
工作步骤及要点	1	接收巡视工单									
	2	明确巡视日期、范围、人员、设备名称									
	3	随身携带相关资料及常用工具、备件和个人防护用品									
	4	核对巡视线路和设备的命名、编号、标识标示									
	5	智能化巡视									

示意图：

序号	巡视对象	周期
1	架空线路通道	市区：一个月 郊区及农村：一个季度
2	电缆线路通道	一个月
3	架空线路、柱上开关设备 柱上变压器、柱上电容器	市区：一个月 郊区及农村：一个季度
4	电力电缆线路	一个季度
5	中压开关柜、环网柜单元	一个季度
6	配电室、箱式变电站	与主设备相同
7	防雷与接地装置	与主设备相同
8	配电终端、直流电源	

续表

单位/部门	标准书编号	工序名称	场合	用时/人次	制定日期	批准	审核	校对	编制	备注
		线路巡视								

工作步骤及要点：

6	红外测温、超声波局放检测、暂态低电压检测、无人机等
7	填写巡视维护记录单，记发发现缺陷情况、分类
8	提出处理意见及隐患情况
9	危急缺陷——班长汇报，并协助做好消缺工作
10	影响安全的施工作业情况，立即开展调查，做好现场宣传、劝阻工作，并书面通知施工单位
11	资料收录（现场问题照片）
12	

注意事项：

1	巡视记录应包括气象条件、巡视人、巡视日期、缺陷类别、存在线路情况、沿线及线路设备危及安全的情况、线路设备及交叉跨越的变动情况以及初步处理意见和情况等
2	加强对于外力破坏、恶劣气象条件情况下的特殊巡视

管理项目

编码	管理及检查项目	检查方法	现状	原因	维修记录
1	定期巡视	最多可延长一到两个定期巡视周期			
2	重要线路	每年至少进行一次监察巡视			
3	故障多发线路	每年至少进行一次监察巡视			
4	气候、环境变化情况	重负荷和三级污秽及以上地区线路应每年至少进行一次夜间巡视			
5					
6					

设备及工器具

编码	器具	
1	红外测温	
2	超声波放电检测	
3	暂态低电压检测	
4	无人机	
5	个人防护用品	

1.3.2　10 kV 配电线路故障巡视

附表 1-3-2　10 kV 配电线路故障巡视

单位/部门		标准书编号		工序名称	场合	用时/人次	制定日期	批准	审核	校对	编制
				线路巡视							巡视员
工作内容	1	工作前准备			示意图	巡视范围					
	2	线路巡视				序号	设备				
	3	接地故障（详）				1	10 kV 配电线路				
	4					2	隔离开关				
	5					3	变压器				
	6					4	断路器				
						5	环网柜				
						6	分接箱				
						7	开闲站				
						8	配电室				
						9	故障线路其他电力设备				
						√	本次出现故障线路区段				
工作步骤及要点	1	先与配调核实发生故障的线路名称、接地相									
	2	首先巡视主干线路同时进行拉开各分支断路器									
	3	如主干线路没有故障点，恢复主干线路送电									
	4	对各分支线路与配调联系逐条试送电									
	5	做好每条分支试送电的时间，判断故障点在哪条支线上									

续表

单位/部门	标准书编号	工序名称	场合	用时/人次	制定日期	批准	审核	校对	编制
		线路巡视							

工作步骤及要点	6	查出故障点,将支路逐条恢复送电
	7	其他分支线路发生故障的线路断开
	8	重点巡视发生故障的分支线路
	9	
	10	
	11	

管理项目	管理及检查项目		检查方法		
	1	图纸	本区段10kV线路图		
	2	图纸	本区段低压台区图		
	3	图纸	本区段配电室单线接线图		
	4				
	5				

设备及工器具	编码	器具	现状	原因	维修记录	备注
	1	望远镜				
	2	照明工具				
	3					
	4					
	5					

注意事项	1	巡线人员发现导线、电缆断落地面,应设法防止行人靠近线地点8米以内,以免跨步电压或触及导线伤人。并迅速报告调度和上级,等候处理。未处理之前,巡线人员不得离开现场,应坚持看着护线路停电,亦应认为线路有随时恢复送电的可能
	2	故障巡线应始终认为线路带电,即使明知该线路已停电,亦应认
	3	

1.3.3 室内巡视标准作业书

附表 1-3-3 室内巡视标准作业书

单位/部门		标准书编号		工序名称	适用类型	作业时间	制定日期	批准	审核	校对	编制
				机房设备巡视	运行、检修工作						
工作内容		1		机房设备巡视检查							
		2		填写巡视标准作业书	示意图						
		3		设备运行异常，填写设备缺陷登记表							
		4									
		5									
		6									
工作步骤及要点		1		机房环境：整体检查机房温湿度、噪声、环境洁净程度							
		2		服务器：检查服务器电源、报警灯状态、风扇运转、电源网格有无灰尘、污渍、锈蚀等							
		3		交换机：检查引擎、端口等指示灯状态、网络插头松紧程度、网格线排列整齐程度、线缆标识是否清楚、电源网格有无灰尘、污渍、锈蚀等							
		4		UPS 日源设备：检查设备指示灯状态、蓄电池电压、电流、电缆接头是否接触良好等							
		5		精密空调：检查液晶面板显示数据、空调排水系统、制冷、制热情况、网格有无灰尘、污渍等							

续表

单位/部门					标准书编号		工序名称	适用类型	作业时间	制定日期	批准	审核	校对	编制
							机房设备巡视	运行、检修工作						

	序号	内容		检查项目序号	检查项目	检查方法	备注
工作步骤要点	6	光端机:检查光端机指示灯状态、有无异常气味、光纤插头是否松动等	管理项目	1	机房环境检查	目测	1次/天
	7	电源整流模块:检查设备有无异常气味、输出电压数据		2	设备运行状态	目测,查看数据、指示灯等	1次/天
	8	火灾显示盘:检查设备指示灯状态、有无异常报警		3	设备温度	红外热成像仪	1次/天
	9	蓄电池:检查蓄电池是否有渗液、鼓膨现象、输出电压		4			
	10	按照设备巡视标准作业书		5			
	11	发现设备运行异常,填写巡视标准作业书;发现设备缺陷登记表,并逐级上报	设备及工器具	编码	器具	标记	
				1			
				2			
				3			
				4			
				5			
注意事项	1	使用基本工具时戴上手套			理由	日期	提出
	2	发生异常情况,清及时与部门领导及设备厂家联系					
	3						标准
	4						
	5						
	6						

1.3.4　10kV配电设施清扫及停电消缺

附表 1-3-4　10kV配电设施清扫及停电消缺

单位/部门					制定日期		批准	审核	校对	编制
	标准书编号		工序名称	场合	用时/人次					
			设施清扫							
工作内容	1	工作前准备			示意图					
	2	低压室侧检查、清扫								
	3	高压室侧检查、清扫								
	4	变压器检查、清扫								
	5	缺陷处理								
	6	完工，进行送电前检查，具备送电条件后，工作负责人交令，送电								
工作步骤及要点	1	检查低/高压侧电缆室有无积水和电缆排管的封堵情况								
	2	检查母线、零线、断路器、电缆头各触点连接是否可靠								
	3	检查低/高压柜隔离开关合、断位置是否灵活到位								
	4	检查低/高压柜二次设备是否良好								
	5	对低/高压柜内的断路器、母线、电缆头及柜面、地面进行清扫								

续表

单位/部门		标准书编号		工序名称	场合	用时/人次	制定日期	批准	审核	校对	编制
				设施清扫							

工作步骤及要点		管理项目	管理及检查项目		检查方法	备注
	6		检查高压室温湿蜡片是否变色			
	7		对临近带电作业明确工作专责监护人			
	8		检查变压器有无渗油、漏油			
	9		套管有无裂纹、放电痕迹、耐酸胶垫有无脆化、破裂			
	10		油枕是否缺油、一、二次引线端子有无过热、烧损现象			
	11		对变压器一、二次套管、油枕、散热片上的油渍、灰尘进行清扫、紧固各个部位的螺栓			
	12		对计划需处理缺陷进行处理外，对检查中发现的缺陷应及时处理			

设备及工器具	编码	器具	编码	现状	原因
	1	绝缘拉杆			
	2	验电器			
	3	吸尘器			
	4	绝缘架			
	5	绝缘手套			

维修记录

注意事项		
	1	明确验电、挂地线、挂警告牌的作业人员
	2	
	3	
	4	
	5	
	6	

2 配电网检修专业

2.1 配电网运维作业

2.1.1 工作票——办理第一种工作票许可手续

附表2-1-1 工作票作业标准书

单位/部门		标准书编号		工序名称	办理第一种工作票许可手续	场合		用时/人次	15 min	制定日期		批准		审核		校对		编制	
										示意图									
工作内容	1	工作票票面准备																	
	2	办理工作票许可手续																	
	3	填写记录																	
	4																		
	5																		
	6																		
工作步骤及要点	1	核对检修工作设备与任务与调度员下达的施工令一致																	
	2	打印第一种工作票、审核票面																	
	3	工作负责人,工作许可人审核确认工作票所列安全措施																	
	4	向工作负责人交代工作																	
	5	工作负责人持票随工作许可人到检修工作设备现场逐项检查安全措施,每项措施确认后,工作负责人在所执工作票"安全措施栏"左侧内的每项措施的右上角划"√"																	

续表

单位/部门	标准书编号	工序名称	场合	用时/人次	制定日期	批准	审核	校对	编制
		办理第一种工作票许可手续		15 min					

工作步骤要点	6	现场安全措施确认后,工作负责人,工作许可人分别在工作票上签字,工作许可人填写工作许可时间
	7	记入运行日志
	8	
	9	
	10	
	11	
	12	

管理项目	编码	管理及检查项目	检查方法	备注
	1	工作票	现场检查	1次/每班
	2	运行日志	现场检查	1次/每班
	3	工作票三种人名单	现场检查(更新时,每次工作时)	1次/每年
	4			
	5			
	6			

设备及工器具	编码	器具	维修记录	编码	原因	现状
	1	工作票				
	2					
	3					
	4					
	5					

注意事项	1	具备工作票三种人资格
	2	得到调度下达的施工令
	3	
	4	
	5	
	6	

2.1.2 执行调度指令操作

附表 2-1-2　执行调度指令操作作业标准书

单位/部门				制定日期	批准	审核	校对	编制
	标准书编号	工序名称	适用类型	作业时间				
工作内容	1	接受调度操作指令	操作执行		示意图			
	2	操作票填写、审核、模拟						
	3	操作执行						
	4							
	5							
	6							
工作步骤及要点	1	接受调度操作指令						
	2	填写操作票与危险点分析与控制措施						
	3	操作票审核、模拟预演、核对方式						
	4	监护人按照操作步骤面对调度声音洪亮地下达操作指令，手指指向设备调度号						
	5	操作人核实设备调度号，面对操作设备部位，进行设备操作						

续表

单位/部门	标准书编号	工序名称	适用类型	作业时间	制定日期	批准	审核	检查方法	校对	备注	编制

工作步骤及要点

	操作执行							
6	监护人、操作人检查设备动作情况							
7	监护人、操作人在操作票本步骤"执行栏"划执行"√",声音洪亮地通知操作人下步操作内容							
8								
9								
10								
11								
12								

管理项目 — 管理及检查项目

编码	项目	检查方法	备注
1	钥匙	现场检查	1次/每班
2	操作票	现场检查	1次/每班
3	调度指令记录	现场检查	1次/每班
4	方式核对	现场检查	1次/每班
5	运行日志		
6			

设备及工器具

编码	器具	维修记录	现状	原因
1	操作票			
2	对讲机			
3	钥匙			
4	绝缘杆			
5	验电器			

注意事项

1	具备下达操作指令调度员
2	具备倒闸操作资格人员
3	
4	
5	
6	

2.1.3　10 kV 配电线路倒闸操作

附表 2-1-3　10 kV 配电线路倒闸操作

单位/部门		标准书编号		工序名称	场合	用时/人次	制定日期	批准	审核	校对	编制
				线路倒闸							
工作内容	1	作业前准备					示意图				
	2	现场复勘										
	3	倒闸操作										
	4	操作完成，汇报发令人										
	5											
	6											
工作步骤及要点	1	检查核对现场设备名称、编号与断路器（开关）、隔离开关（刀闸）的断、合位置										
	2	倒闸操作两人进行，一人操作，一人监护，并认真执行唱票、复诵制										
	3	使用规范的操作术语，准确清晰，按操作票顺序逐项操作										
	4	每操作完一项，应检查无误后，做一个"√"记号										
	5	疑问时，不准擅自更改操作票，应向操作发令人询问清楚无误后方进行操作										

续表

单位/部门	标准书编号	工序名称	场合	用时/人次	制定日期	批准	审核	校对	编制
		线路倒闸							

		工作步骤及要点	
	6	电气设备操作后的位置检查应以设备实际位置为准	
	7	检查完毕后,受令人应立即汇报发令人	
	8		
	9		
	10		
	11		

		注意事项	
	1	无法看到实际位置时,可通过设备机械指示位置、电气指示、显示表置、仪表及各种遥测、摇信等信号的变化来判断。判断时,应有两个及以上的指示,且所有指示均已同时发生对应变化,才能确认该设备已操作到	
	2	操作柱上断路器(开关)有防止断路器(开关)爆炸时伤人的措施	
	3	雨天操作应使用有防雨罩的绝缘棒,并穿绝缘靴、戴绝缘手套	
	4		

管理项目	编码	管理及检查项目	检查方法	备注
	1			
	2			
	3			
	4			
	5			

设备及工器具	编码	器具	现状	原因	维修记录
	1	绝缘杆			
	2	验电器			
	3	梯子			
	4	绝缘手套			
	5	安全带			

2.1.4 普通拉线安装

附表 2-1-4 普通拉线安装

单位/部门		标准书编号		工序名称	场合	用时/人次	制定日期	批准	审核	校对	编制
				安装拉线							
工作内容	1	作业前准备									
	2	安装拉线									
	3	工作完毕,清点作业人员、工具,清理现场				示意图					
	4										
	5										
	6										
工作步骤及要点	1	进入现场分发工具材料									
	2	用U环连接拉线盘、拉线棒,放入坑内调整好角度(30~45°)									
	3	夯填、安装拉线盘									
	4	工作人员在杆上要选好工作位置,用传递绳将拉线抱箍拽至安装位置后安装至横担下方适当位置									
	5	将制作好的拉线上把用绳拽到杆上,将上楔型与拉线抱箍与平板挂板连接固定									

续表

单位/部门	标准书编号	工序名称	场合	用时/人次	制定日期	批准	审核	校对	编制
		安装拉线							

	工作步骤及要点	管理及检查项目		检查方法	备注
6	紧线器一端挂在拉线棒上,另一端通过拉线卡头连接在钢绞线上	1	安全措施		检查良好
7	收紧紧线器,使钢绞线受力,并使电杆向受力方向反方向倾斜150~200 mm 的状态	2	材料及工器具		
8	将 UT 型线夹穿过拉线棒的铁环,使 UT 型线夹置在与拉线平行方向,在 UT 型线夹丝扣 1/3 处钢绞线位置做标记,并制作出一个与锚具大小一样的圆弧,将钢绞线、锚具及舌板紧固在一起,然后将其与 UT 型线夹紧固	3			
9	放松紧线器,将拉线调整到正常受力状态,用镀锌铁线按规定将拉线尾线和主线合并绑扎好	4			
10	安装反光护管	5			
11	检查安装质量				

	注意事项	设备及工器具	编码	器具	维修记录 编码	原因	现状
1	杆上工作人员如有带电距离较近时,监护人不准做其他工作		1	传递绳			
2	工作人员应系好安全带,杆上移动时不得失去安全带保护,传递东西严禁扔东西,在杆上工作时不应擅自逗留		2	安全带			
3	工作人员要合理正确地使用工器具,工作现场不得有闲人逗留,注意行人及车辆		3	脚扣			
4	剪断钢绞线时防止划伤		4	剪线器			
5	敲击楔型线卡时防止跑锤伤人		5	大剪			

2.1.5 低压JP柜安装、更换

附表 2-1-5 低压JP柜安装、更换

单位/部门				标准书编号		工序名称	低压JP柜安装、更换	场合	用时/人·次	制定日期	批准	审核	校对	编制
工作内容	1			作业前准备						示意图				
	2			停电										
	3			验电挂地线										
	4			安装低压JP柜										
	5			检查、完工										
	6			送电										
工作步骤及要点	1			进入工作现场后，核对线路名称、杆号、设备编号，由工作负责人指派专人使用相应电压等级且合格的专用绝缘杆进行验电，并挂警示牌										
	2			在工作负责人的监护下由熟练二人验电，在JP柜出线侧验明无电后挂地线，在电源侧验明无电后主地线										
	3			工作人员登杆至好工作位置，将传递绳系在妨碍工作的地方										
	4			将托架安装在变压器台适当位置并固定牢固（更换JP柜时先将JP柜拆除）										
	5			将JP柜运至安装托架上、安装牢固										

续表

单位/部门	标准书编号	工序名称	场合	用时/人次	制定日期	批准	审核	校对	编制
		低压JP柜安装、更换							

工作步骤及要点		管理及检查项目			
		编码	管理及检查项目	检查方法	备注
6	做好JP柜接地	1	送电	查看负荷电压、电流、相序	
7	杆上作业人员将制作好的电缆同低压隔离开关相接,杆下作业人员将电源电缆连接进JP柜进线刀闸或开关,连接各负荷分支电缆	2	材料及工器具		检查良好
8	JP柜、电缆等安装工作完成后检查各接线端子是否连接紧固,接线、相序是否正确	3			
9	清理现场,拆除全部地线	4			
10	工作完后清点人员、工具,工作负责人交令,检查无误后送电	5			
11					

注意事项		设备及工器具			
		编码	器具	现状	原因(维修记录)
1	停电操作顺序:先停低压,后停高压	1	绝缘拉杆		
2	挂地线前应先用放电棒对电缆、电容器、变压器进行放电	2	警告牌		
3	挂地线时,先接接地端,后接导线端	3	压线钳		
4	工作前拉开高压侧高压跌落式熔断器,拉开低压侧隔离开关及分支线路的闸开关	4	绝缘手套		
5	避免工具、线头及杂物搭挂,遗漏在合上	5	安全带		
6					

2.2 配电网带电作业标准书

2.2.1 普通消缺及装拆现场作业

附表 2-2-1*1 配电网带电作业（登杆）作业前的准备

单位/部门		标准书编号	工序名称	场合	用时/人次	制定日期	批准	审核	校对	编制
工作内容	1		填报带电作业任务申请单			示意图				
	2		下达工作任务通知单后组织相关人员现场勘察							
	3		编制现场标准化作业指导书和危险点预控措施卡							
	4		填写、签发工作票，办理停用重合闸计划							
	5		召开班前会							
	6		工器具检查和储运							
工作步骤及要点	1		运行单位填报带电作业申请单							
	2		带电作业工作票签发人或工作负责人应组织有经验的人员到现场勘察							
	3		明确具体操作方法、步骤，危险点预控措施，标准和人员责任							

续表

单位/部门	标准书编号	工序名称	场合	用时/人次	制定日期	批准	审核	校对	编制	备注

工作步骤要点	4	编制"现场标准化作业指导书（卡）和危险点预控措施卡"履行相关审批手续
	5	填写、签发工作票以及办理停用重合闸计划
	6	召开班前会
	7	学习作业指导书，明确作业方法、危险点分析及安全控制措施，人员组织与任务分工、责任等
	8	工器具检查和储运、工器具出入库信息记录

注意事项	1	履行带电作业现场勘察制度
	2	人员组织与任务分工时，应充分考虑作业班组成员技术熟练程度和工作经验，规避新项目用新人、复杂科目用经验欠缺人员，做到知人善任
	3	全体作业人员应按要求着装
	4	工器具在运输过程中，应存放在专用工具袋、工具箱或工具车内，以防受潮和损伤

管理项目	编码	管理及检查项目	检查方法
	1	作业指导书	检查危险点分析及安全控制措施
	2	带电作业工器具	合格的带电作业专用库房存放
	3		DL/T 974《带电作业用工具库房》执行
	4		
	5		

设备及工器具	编码	现状	原因	维修记录
	1			
	2			
	3			
	4			
	5			

附表 2-2-1 * 2 普通消缺汇装拆现场作业

单位/部门		标准书编号	工序名称	场合	用时/人次	制定日期	批准	审核	校对	编制
工作内容	1		现场复勘			示意图				
	2		履行许可手续							
	3		布置工作现场，装设遮拦（围栏）和警告标志							
	4		召开现场站班会							
	5		现场检查工器具							
	6		登杆、验电、现场工作							
工作步骤及要点	1		现场逐一核对设备及作业条件							
	2		《配电带电作业工作票》签字							
	3		安全围栏及安全标识布置							
	4		站班会、风险点、确保人员知晓签字							
	5		整理工具、材料、绝缘工具现场检查							

续表

单位/部门	标准书编号	工序名称	场合	用时/人次	制定日期	批准	审核	校对	编制

			备注
工作步骤及要点	6	工作负责人许可	
	7	杆上电工（登杆作业）穿戴好绝缘防护用具	
	8	携带绝缘传递绳登杆至合适位置	
	9	按规定使用验电器	
	10	确认无漏电现象	
	11	在保证安全距离的前提下挂好绝缘传递绳	
	12	开始现场作业工作	
注意事项	1	安全围栏和出入口的设置合理规范警告标志应齐全和明显	
	2	悬挂标识牌	
	3	"在此工作，从此进出，施工现场以及车辆慢行或车辆绕行"	
	4	检查工作班成员精神状态良好	
	5	确认每一个工作班成员都已知晓	
	6		

管理及检查项目	检查方法	备注
管理项目 1 现场设备	设备编号核对	
2 作业环境	符合工作票	
3 绝缘工器具	分段绝缘检测	
4		
5		

设备及工器具	编码	原因	现状	维修记录
1				
2				
3				
4				
5				

附表 2-2-1 * 3　修理树枝

单位/部门		标准书编号		工序名称		场合		用时/人次		制定日期		批准		审核		校对		编制
工作内容	1	修理树枝														示意图		
	2																	
	3																	
	4																	
	5																	
	6																	
工作步骤及要点	1	获得工作负责人许可后，杆上电工登杆作业																
	2	使用绝缘操作杆																
	3	判断作业范围内不能满足安全距离的带电体和接地体																
	4	进行绝缘遮蔽（隔离）																
	5	杆上电工使用修剪刀修剪多余的树枝																

续表

单位/部门	标准书编号	工序名称	场合	用时/人次	制定日期	批准	审核	校对	编制

		工作步骤及要点		管理及检查项目		检查方法	备注
工作步骤及要点	6	树枝高出导线的,应用绝缘绳固定需修剪的树枝或使树枝之倒向远离线路的方向修剪树枝	管理项目	1	现场设备	设备编号核对	
	7	地面电工配合将修剪的树枝放至地面		2	作业环境	符合工作票	
	8	工作完成,杆上电工在地面电工的配合下拆除绝缘遮蔽(隔离)		3	安全标识	出入口检查	
	9			4	绝缘器具	绝缘分段试验	
	10	检查杆上无遗留物		5			
	11	返回地面		6			
	12			7			

				编码	器具	维修记录	
注意事项	1	步3"从近到远、从下到上,先带电体后接地体"	设备及工器具	1			
	2	步9"从远到近、从上到下,先接地体后带电体"		2			
	3			3			
	4			4			
	5			5			
	6						

附表 2-2-1*4 清除异物

单位/部门		标准书编号		工序名称		场合		用时/（~次）		制定日期		批准		审核		校对		编制
		清除异物																
工作内容	1	清除异物																
	2																	
	3																	
	4																	
	5																	
	6																	
工作步骤及要点	1	获得工作负责人许可后，杆上电工登杆作业																
	2	使用绝缘操作杆																
	3	判断作业范围内不能满足安全距离的带电体和接地体																
	4	进行绝缘遮蔽（隔离）																
	5	杆上电工站在上风侧																

示意图

续表

单位/部门	标准书编号	工序名称	场合	用时/人次	制定日期	批准	审核	校对	编制	备注
工作步骤及要点	6	采取措施防止异物落下伤人								
	7	开始清除异物								
	8	地面电工配合将异物放至地面								
	9	工作完成,杆上电工与地面电工的配合								
	10	拆除绝缘遮蔽(隔离)								
	11	检查杆上无遗留物								
	12	返回地面								
注意事项	1	步3"从近到远,从下到上,先带电体后接地体"								
	2	步10"从远到近,从上到下,先接地体后带电体"								
	3	获得工作负责人许可后,杆上电工登杆作业								
	4									
	5									
	6									

管理及检查项目	编码	项目	检查方法
管理项目	1	现场设备	设备编号核对
	2	作业环境	符合工作票
	3	安全标识	出入口检查
	4	绝缘器具	绝缘分段试验
	5		
	6		

	编码	器具	维修记录	原因	现状
设备及工器具	1				
	2				
	3				
	4				
	5				

附表 2-2-1 * 5　扶正绝缘子

单位/部门	标准书编号	工序名称	场合	用时/人次	制定日期	批准	审核	校对	编制
					示意图				
工作内容	1	扶正绝缘子							
	2								
	3								
	4								
	5								
	6								
工作步骤及要点	1	获得工作负责人许可后，杆上电工登杆作业							
	2	使用绝缘操作杆							
	3	判断作业范围内不能满足安全距离的带电体和接地体							
	4	进行绝缘遮蔽（隔离）							
	5	杆上电工使用绝缘套筒操作杆紧固绝缘子螺母							

续表

单位/部门	标准书编号	工序名称	场合	用时/人次	制定日期	批准	审核	校对	编制

	编号	管理及检查项目	检查方法	备注
管理项目	1	现场设备	设备编号核对	
	2	作业环境	符合工作票	
	3	安全标识	出入口检查	
	4	绝缘器具	绝缘试验	
	5			
	6			

	编码	器具	原因	现状
设备及工器具	1		维修记录	
	2			
	3			
	4			
	5			

工作步骤及要点	6	工作完成,杆上电工与地面电工进行配合
	7	拆除绝缘遮蔽(隔离)
	8	检查杆上无遗留物
	9	返回地面
	10	
	11	
	12	
注意事项	1	步3"从近到远,从下到上,先带电体后接地体"
	2	步7"从远到近,从上到下,先接地体后带电体"
	3	
	4	
	5	
	6	

附表 2-2-1*6　拆除退役设备

单位/部门		标准书编号		工序名称	场合	用时/人次	制定日期	批准	审核	校对	编制
				拆除退役设备							
工作内容	1	拆除退役设备									
	2										
	3										
	4										
	5										
	6						示意图				
工作步骤及要点	1	获得工作负责人许可后，杆上电工登杆作业									
	2	使用绝缘操作杆									
	3	判断作业范围内不能满足安全距离的带电体和接地体									
	4	进行绝缘遮蔽（隔离）									
	5	采取措施防止退役设备落下伤人									

续表

单位/部门	标准书编号	工序名称	场合	用时/人次	制定日期	批准	审核	校对	编制

工作步骤及要点			注意事项		管理及检查项目			设备及工器具		维修记录		
	工作步骤	要点				项目	检查方法	备注	编码	器具	编码	原因	现状
6	拆除退役设备		1	步3"从近到远,从下到上,先带电体后接地体"	1	现场设备	检查编号工作票		1				
7	工作完成,杆上电工与地面电工进行配合		2	步8"从远到近,从上到下,先接地体后带电体"	2	作业环境	符合工作票		2				
8	拆除绝缘遮蔽(隔离)		3		3	安全标识	出入口检查		3				
9	检查杆上无遗留物		4		4	绝缘器具	绝缘试验	注意保护	4				
10	返回地面		5		5				5				
11			6		6								
12													

附表 2-2-1 * 7　加装接触设备套管

单位/部门				制定日期		批准		审核		校对		编制	
	标准书编号	工序名称	场合	用时/人次	示意图								
工作内容	1	加装接触设备套管											
	2												
	3												
	4												
	5												
工作步骤及要点	1	获得工作负责人许可后，杆上与工登杆作业											
	2	使用绝缘操作杆											
	3	判断作业范围内不能满足安全距离的带电体和接地体											
	4	进行绝缘遮蔽（隔离）											
	5	杆上电工相互配合使用绝缘操作杆将绝缘套管安装工具安装到近边相导线上											

续表

单位/部门	标准书编号	工序名称	场合	用时/人次	制定日期	批准	审核	校对	编制	备注

		工作步骤及要点								
6	1号电工使用绝缘夹钳将绝缘套管安装到相应导线上,绝缘套管开口向下入槽上									
7	2号电工使用另一把绝缘夹钳推动绝缘套管到相应导线上,绝缘套管开口向下									
8	其余两相安装绝缘套管按相同方法依次进行									
9	工作完成,地面电工配合将绝缘套管安装工具放至地面									
10	拆除绝缘遮蔽(隔离)									
11	检查杆上无遗留物									
12	返回地面									

	注意事项	
1	步3"从远到近,从下到上,先带电体后接地体"	
2	步10"从远到近,从上到下,先接地体后带电体"	
3		
4		
5		

管理及检查项目

编码	管理项目	检查项目	检查方法	注意保护
1	现场设备		设备编号核对	
2	作业环境		符合工作票	
3	安全标识		出入口检查	

设备及工器具

编码	器具			
1	绝缘器具		绝缘试验	
2				

维修记录

编码	原因	现状

附表 2-2-1 * 8　加装故障指示器

单位/部门		标准书编号		工序名称	场合	用时/人次	制定日期	批准	审核	校对	编制
				加装故障指示器							
工作内容	1	加装故障指示器					示意图				
	2										
	3										
	4										
	5										
	6										
工作步骤及要点	1	获得工作负责人许可后，杆上电工登杆作业									
	2	使用绝缘操作杆									
	3	判断作业范围内不能满足安全距离的带电体和接地体									
	4	进行绝缘遮蔽（隔离）									
	5	杆上电工使用故障指示器安装工具									

续表

单位/部门									
标准书编号									
工序名称									
场合									
用时/人次									
制定日期	批准		审核		校对		编制		

工作步骤及要点	6	垂直于近边相导线向上推动安装工具将故障指示器安装到相应的导线上		
	7	其余两相加装故障指示器按相同方法依次进行		
	8	工作完成,地面电工配合将故障指示器安装工具放至地面		
	9	拆除绝缘遮蔽(隔离)		
	10	检查杆上无遗留物		
	11	返回地面		
	12			
注意事项	1	步3"从近到远、从下到上,先带电体后接地体"		
	2	步9"从远到近、从上到下,先接地体后带电体"		
	3			
	4			
	5			
	6			

	编码	管理及检查项目	检查方法	备注
管理项目	1	现场设备	设备编号核对	
	2	作业环境	符合工作票	
	3	安全标识	出入口检查	
	4	绝缘器具	绝缘试验	
	5			
	6			

	编码	器具	维修记录	
			现状	原因
设备及工器具	1			
	2			
	3			
	4			
	5			

附表 2-2-1 * 9　拆除故障指示器

单位/部门						
标准书编号						
工序名称						
场合						
用时/人次						
制定日期						
批准						
审核						
校对						
编制						

		示意图

工作内容	1	拆除故障指示器
	2	
	3	
	4	
	5	
	6	
工作步骤及要点	1	获得工作负责人许可后，杆上电工登杆作业
	2	使用绝缘操作杆
	3	判断作业范围内不能满足安全距离的带电体和接地体
	4	进行绝缘遮蔽（隔离）
	5	杆上电工使用故障指示器安装工具

续表

单位/部门	标准书编号	工序名称	场合	用时/人次	制定日期	批准	审核	校对	编制

		工序步骤	要点						
工作步骤及要点	6	垂直于导线向上推动安装工具将其锁定到故障指示器上,并确认锁定牢固							
	7	其余两相拆除故障指示器按相同方法依次进行							
	8	垂直向下拉动安装工具使故障指示器脱离相应的导线							
	9	工作完成,地面电工配合将故障指示器安装工具放至地面							
	10	拆除绝缘遮蔽(隔离)							
	11	检查杆上无遗留物							
	12	返回地面							

		管理及检查项目	检查方法	备注
管理项目	1	现场设备	设备编号核对	
	2	作业环境	符合工作票	
	3	安全标识	出入口检查	
	4	绝缘器具	绝缘试验	
	5			注意保护
	6			

		器具	编码	维修记录
设备及工器具	1			
	2			
	3			
	4			
	5			

			原因	现状
注意事项	1	步 3"从近到远、从下到上,先带电体后接地体"		
	2	步 10"从远到近、从上到下,先接地体后带电体"		
	3			
	4			
	5			
	6			

附表 2-2-1 * 10 加装驱鸟器

单位/部门		标准书编号	工序名称	场合	用时/人次	制定日期	批准	审核	校对	编制
工作内容	1	加装驱鸟器				示意图				
	2									
	3									
	4									
	5									
	6									
工作步骤及要点	1		获得工作负责人许可后，杆上电工登杆作业							
	2		使用绝缘操作杆							
	3		判断作业范围内不能满足安全距离的带电体和接地体							
	4		进行绝缘遮蔽（隔离）							
	5		杆上电工用驱鸟器安装工具将驱鸟器锁定到横担的预定位置							

续表

单位/部门	标准书编号	工序名称	场合	用时/人次	制定日期	批准	审核	校对	编制	备注

工作步骤及要点：

6	再使用绝缘套筒操作杆紧驱鸟器的两个固定螺栓
7	按相同方法完成其余驱鸟器的安装工作
8	工作完成，地面电工配合将驱鸟器安装工具放至地面
9	拆除绝缘遮蔽（隔离）
10	检查杆上无遗留物
11	返回地面
12	

注意事项：

1	步3"从近到远，从下到上，先带电体后接地体"
2	步9"从远到近，从上到下，先接地体后带电体"
3	
4	
5	
6	

管理及检查项目：

编码	项目	检查方法	现状	注意保护
1	现场设备	设备编号工作票		
2	作业环境	符合工作		
3	安全标识	出入口检查		
4	绝缘器具	绝缘试验		
5				
6				

设备及工器具：

编码	器具	原因	维修记录
1			
2			
3			
4			
5			

附表 2-2-1 * 11　拆除驱鸟器

单位/部门		标准书编号		工序名称		场合		用时/人次		制定日期		批准		审核		校对		编制

工作内容	1	拆除驱鸟器	示意图
	2		
	3		
	4		
	5		
	6		
工作步骤及要点	1	获得工作负责人许可后，杆上电工登杆作业	
	2	使用绝缘操作杆	
	3	判断作业范围内不能满足安全距离的带电体和接地体	
	4	进行绝缘遮蔽（隔离）	
	5	杆上电工使用绝缘套筒操作杆拆松驱鸟器上的两个固定螺栓	

续表

单位/部门								
标准书编号						批准		
工序名称						审核		
场合						校对		
用时/人次						编制		
制定日期								

		工作步骤及要点		管理项目	管理及检查项目	检查方法	备注
工作步骤及要点	6	使用驱鸟器的安装工具锁定待拆除的驱鸟器	编码				
	7	按相同方法完成其余驱鸟器的拆除工作	1	现场设备	设备编号核对		
	8	工作完成,地面电工配合将驱鸟器安装工具放至地面	2	作业环境	符合工作票		
	9	拆除绝缘遮蔽(隔离)	3	安全标识	出入口检查		
	10	检查杆上无遗留物	4	绝缘器具	绝缘试验	注意保护	
	11	返回地面	5				
	12		6				

			编码	设备及工器具	原因	现状
注意事项	1	步3"从近到远,从下到上,先带电体后接地体"	1			
	2	步9"从远到近,从上到下,先接地体后带电体"	2			
	3		3			维修记录
	4		4			
	5		5			
	6					

附表 2-2-1 ＊12 作业结束

单位/部门		标准书编号	工序名称	场合	用时/人次	制定日期	批准	审核	校对	编制
工作内容	1		清理工具及现场							
	2		召开现场收工会							
	3		工作终结							
	4		作业人员撤离							
	5									
	6									
工作步骤及要点	1		清点与整理工具、材料，清理现场做到工完料尽场地清			示意图	报告调度，我是××××班工作负责人××，现办理××作业工作票终结许可：编号×××××××××，申请作业时间×××年×月×日×时×分至×××年×月×日×时×分，现已完成全部工作任务，×线路上作业人员已撤离，杆上无遗留物，工艺质量符合验收要求，请批准终结工作票。请告知批准时间。请告知批准人			
	2		召开收工会工作负责人对完成工作进行全面检查							
	3		符合验收规范要求后，记录在册							
	4		工作总结与点评，宣布工作结束							
	5		工作负责人向值班调控人员联系工作结束，办理工作终结							

续表

单位/部门	标准书编号	工序名称	场合	用时/人次	制定日期	批准	审核	校对	编制

		工作步骤及要点			注意事项						
6	7	8 作业人员撤离现场，工作结束	9	10	11	12	1	2	3	4	5	6 动作失误或工具故障可能直接造成人身事故

管理项目				设备及工器具			
编码	管理及检查项目	检查方法	备注	编码	器具	现状	原因
1	现场设备	设备编号核对		1			
2	作业环境	符合工作票		2		维修记录	
3				3			
4				4			
5				5			
6							

2.2.2 10 kV电缆线路综合不停电作业

附表 2-2-2*1 10 kV电缆线路综合不停电作业前的准备

单位/部门									
	标准书编号	工序名称	场合	用时/人次	制定日期	批准	审核	校对	编制
工作内容	1	现场勘查	示意图						
	2	编制作业指导书							
	3	编制危险点预控措施卡							
	4	办理工作票(操作票)							
	5	召开班前会							
	6	工具、材料准备							
工作步骤及要点	1	确定工作范围、作业方式							
	2	明确线路名称、杆号和工作任务							
	3	确定是否停用重合闸							

续表

单位/部门	标准书编号	工序名称	场合	用时/人次	制定日期	批准	审核	校对	编制
工作步骤及要点	4	编制"现场标准化作业指导书(卡)和危险点预控措施卡"							
	5	履行工作票制度,规范填写和签发《配电第一种工作票》							
	6	学习作业指导书,明确作业方法、作业标准							
	7	明确安全措施,人员组织和任务分工							
	8	检查与清点工具,材料齐全,外观完好无损,预防性试验合格,分类装箱办理出入库手续							
注意事项	1	明确执行有标准,操作有流程,关键环节、关键点风险管控分析到位,安全有措施							
	2	现场作业关键环节、关键点风险管控分析到位,预控措施落实到位							
	3								
	4								

管理项目		管理及检查项目	检查方法	备注
	1	作业指导书	检查查危险点分析及安全控制措施	
	2	倒闸操作	由操作人员填用《配电倒闸操作票》并履行工作许可手续	
	3			
	4			
	5			
	6			

设备及工器具		编码	器具	维修记录	编码	原因	现状
	1						
	2						
	3						
	4						
	5						

附表 2-2-2 * 2　10 kV 电缆线路综合不停电作业现场作业

单位/部门		标准书编号	工序名称	场合	用时/人次	制定日期	批准	审核	校对	编制
工作内容	1		现场复勘							
	2		履行许可手续							
	3		布置工作现场，装设遮栏（围栏）和警告标志							
	4		召开现场站班会							
	5		现场检查工器具及作业车辆							
	6		开始现场作业							
工作步骤及要点	1		检查作业装置和现场环境符合旁路作业条件							
	2		工作负责人与值班调控人员履行许可手续							
	3		确认线路重合闸已退出，在工作票上签字并记录许可时间							
	4		布置工作现场							
	5		召开现场站班会，告知工作班成员危险点							

示意图：配电网带电作业现场勘察记录表

续表

单位/部门	标准书编号	工序名称	场合	用时/人次	制定日期	批准	审核	校对	编制
					管理及检查项目		检查方法		备注
					管理项目	1 现场设备	设备编号核对		
						2 作业人员	检查工作班成员精神状态良好		
						3			
						4			
						5			
						6			
					设备及器具	编码 1		维修记录	
						2			
						3			
						4			
						5			

	序号	内容
工作步骤及要点	6	工作班成员履行确认手续在工作票上签名
	7	整理工具、材料
	8	检查旁路作业设备外观
	9	检查确认两环网柜备用间隔设施完好
	10	检查确认检修电缆线路负荷电流小于200A
	11	工作负责人组织班组成员开始现场作业
	12	履行工作监护制度
注意事项	1	旁路作业现场放置到合适位置
	2	安全围栏和出入口的设置合理规范，警告标志应齐全明显
	3	在此工作，从此进出，施工现场以及车辆慢行或车辆绕行
	4	确认每一个工作班成员都已知晓
	5	
	6	

附表 2-2-2 * 3 使用旁路负荷开关不停电作业

单位/部门		标准书编号	工序名称	场合	用时/人次	制定日期	批准	审核	校对	编制
工作内容	1		展放旁路电缆							
	2		旁路电缆投入运行							
	3		旁路电缆退出运行							
	4									
	5									
	6									
工作步骤及要点	1		采用地面敷设（平铺式）展放旁路电缆，包括沿作业路径铺设电缆槽盒，敷设旁路电缆以及旁路电缆连接以及与旁路负荷开关可靠连接等步骤			示意图				
	2		倒闸操作，旁路电缆投入运行，完成检修工作							
	3		倒闸操作，旁路电缆退出运行，工作结束							
	4									
	5									

续表

单位/部门				
标准书编号				
工序名称				
场合				
用时/人次				
制定日期		批准	审核	校对	编制

工作步骤及要点	6			
	7			
	8			
	9			
	10			
	11			
注意事项	1			
	2			
	3			
	4			
	5			

管理项目	管理及检查项目	检查方法	备注
	1		
	2		
	3		
	4		
	5		

设备及工器具	编码	器具	维修记录	
			原因	现状
	1			
	2			
	3			
	4			

附表 2-2-2 * 4　展放旁路电缆

单位/部门		标准书编号		工序名称		场合	用时/人次	制定日期	批准	审核	校对	编制
工作内容	1	展放旁路电缆				示意图						
	2											
	3											
	4											
	5											
	6											
工作步骤及要点	1	设置围栏和警示标志										
	2	铺设电缆槽盒										
	3	利用旁路作业车采用人力牵引方式展放电缆										
	4	安放过街电缆保护装置										
	5	采用快速插拔直通接头连接旁路电缆并进行分段绑扎固定										

续表

单位/部门	标准书编号	工序名称	场合	用时/人次	制定日期	批准	审核	校对	编制

工作步骤及要点	6	接上另一段电缆继续牵引
	7	在环网柜一侧放置好旁路负荷开关
	8	按其相色标记将高压旁路电缆终端接头与旁路负荷开关同相位可靠连接
	9	合上旁路负荷开关
	10	检测旁路电缆设备的绝缘电阻不小于500 MΩ，用放电棒进行无分放电
	11	断开旁路负荷开关并确认
	12	对旁路电缆展放情况进行全面检查

注意事项	1	步3有序进行，防止旁路电缆与地面摩擦，出现扭曲和死弯现象
	2	步5前对各接口进行清洁和润滑
	3	步7负荷开关外壳可靠接地
	4	步8确认相色标记正确
	5	
	6	

管理及检查项目	编码	检查项目	检查方法	备注
管理项目	1	现场设备	设备编号核对	
	2	作业环境	符合工作票	
	3	安全标识	出入口检查	
	4			
	5			
	6			

维修记录	编码	器具	原因	现状
设备及工器具	1			
	2			
	3			
	4			
	5			

附表 2-2-2 * 5　旁路电缆投入运行

单位/部门		标准书编号		工序名称	场合	用时/人次	制定日期	批准	审核	校对	编制
				旁路电缆投入运行							
工作内容	1	旁路电缆投入运行					示意图				
	2										
	3										
	4										
	5										
	6										
工作步骤及要点	1	确认两环网柜备用间隔均设施完好，均处于断开位置									
	2	对备用间隔进行验电，确认无电									
	3	将旁路电缆（螺栓式可分离）终端接入环网柜备用间隔									
	4	将旁路电缆终端附近的屏蔽层可靠接地									
	5	倒闸操作，将旁路电缆回路由检修改运行									

续表

单位/部门	标准书编号	工序名称	场合	用时/人次	制定日期	批准	审核	校对	编制
工作步骤及要点	6	依次合上送电侧、受电侧备用间隔开关							
	7	旁路负荷开关两侧核相							
	8	断开受电侧备用间隔开关							
	9	合上旁路负荷开关,受电侧备用间隔开关,旁路系统送电							
	10	倒闸操作,将待检修电缆线路由运行改检修							
	11	进行电缆线路检修工作							
	12								

管理项目	编码	管理及检查项目	检查方法	备注
	1	现场设备	设备编号核对	
	2	作业环境	符合工作票	
	3	安全标识	出入口检查	
	4			
	5			
	6			

设备及工器具	编码	器具	现状	原因	维修记录
	1				
	2				
	3				
	4				
	5				

注意事项	1	步5核相前,确认旁路负荷开关处于"断开"位置
	2	步9测量旁路电缆回路的分流情况
	3	
	4	
	5	
	6	

附表 2-2-2 * 6　旁路电缆退出运行

单位/部门		标准书编号	工序名称	场合	用时/人次	制定日期	批准	审核	校对	编制
工作内容	1	旁路电缆退出运行				示意图				
	2									
	3									
	4									
	5									
	6									
工作步骤及要点	1	倒闸操作,将检修完毕的电缆线路由检修改运行								
	2	将检修后的电缆线路接入两侧环网柜								
	3	依次合上检修后电缆送电侧、受电侧间隔开关,电缆线路恢复送电								
	4	倒闸操作,将旁路电缆回路由运行改检修								
	5	依次断开旁路电缆受电侧间隔开关、旁路负荷开关、送电侧间隔开关								

续表

单位/部门	标准书编号	工序名称	场合	用时/人次	制定日期	批准	审核	校对	编制

工作步骤及要点		管理项目	管理及检查项目	检查方法	备注
6	拆除旁路电缆终端	1	现场设备	设备编号工作票核对	
7	对旁路作业设备充分放电	2	作业环境	符合工作票	
8	拆除整套旁路电缆设备,工作结束	3	安全标识	出入口检查	
9		4			
10		5			
11		6			
12					

注意事项		设备及工器具	编码	器具	维修记录	现状	原因
1	步2确认核相正确		1				
2	步6确认旁路电缆两侧间隔开关处于断开状态		2				
3			3				
4			4				
5							

附表 2-2-2 * 7 短时停电检修作业

单位/部门	标准书编号	工序名称	场合	用时/人次	制定日期	批准	审核	校对	编制
工作内容	1	倒闸操作，将待检修电缆线路由运行改检修			示意图				
	2	倒闸操作，将旁路电缆回路由检修改运行							
	3	完成电缆线路检修							
	4								
	5								
	6								
工作步骤及要点	1	断开两环网柜间隔开关							
	2	待检修电缆退出运行							
	3	拆除待检修电缆的终端							
	4	对待接入的间隔进行验电，确认无电							
	5	将旁路电缆按原相序接入两侧环网柜间隔							

续表

单位/部门						
标准书编号						
工序名称						
场合						
用时/人次						
制定日期	批准	审核	校对	编制		

	序号	工作步骤及要点	管理及检查项目	检查方法	备注
工作步骤及要点	6	将旁路电缆两端屏蔽层接地			
	7	依次合上送电侧、受电侧间隔开关,旁路系统投入运行	1 现场设备	设备编号核对	
	8	完成电缆线路检修	2 作业环境	符合工作票	
	9		3 安全标识	出入口检查	
	10		4		
	11		5		
	12		6		

	序号	注意事项	设备及工器具		维修记录	
			编码	器具	现状	原因
注意事项	1	步3 检测并记录待检修电缆连接相序	编码			
	2	步5 确定相序正确	1			
	3		2			
	4		3			
	5		4			
	6		5			

3 配电网安全管理

3.1 现场安全管理

3.1.1 施工安全检查

附表 3-1-1 现场安全检查作业指导书

单位/部门					制定日期	批准	审核	校对	编制
		工序名称	适用类型	作业时间					
		施工安全检查	技改大修作业						
	标准书编号				示意图				
工作内容	1	检查施工现场作业安全							
	2	安全措施不到位、作业违章时,及时通报责令停止作业							
	3								
	4								
	5								
	6								
工作步骤及要点	1	检查管理人员到岗到位情况							
	2	加强现场"三措"管理,检查作业现场资料(现场勘查记录、两票、风险辨识与控制措施、短期临时工培训记录等)是否齐全、填写规范							
	3	按照工作票,检查作业现场安全措施是否履行到位							
	4	结合现场作业实际情况,检查现场不安全因素							
	5	作业前,再次检查现场安全措施、个人安全防护措施是否到位							

续表

单位/部门	标准书编号	工序名称	适用类型	作业时间	制定日期	批准	审核	校对	编制
		施工安全检查	技改大修作业						

工作步骤及要点		管理项目			注意事项		设备及工器具		
序号	内容	编号	管理及检查项目	检查方法	序号	内容	编码	器具	维修记录
6	严格开展现场作业督导检查,严肃查处违章行为,减少安全生产风险	1	检查施工现场	目测、作业全过程	1	进入作业现场,正确穿戴安全帽,全棉长袖工作服等	1		原因 / 现状
7		2	查处违章行为	目测、出现即终止	2	发生违章行为时,及时终止作业,并向上级汇报	2		
8		3			3		3		
9		4			4		4		
10		5			5				
11		6							
12		7							

3.1.2 日常安全检查

附表 3-1-2 日常安全检查作业指导书

单位/部门				
标准书编号		适用类型	日常工作	
		作业时间		
		制定日期		
		批准		
		审核		
		校对		
		编制		

	工序名称	日常安全检查
工作内容	1	下班后,检查部门日常环境安全
	2	及时消除不安全因素
	3	
	4	
	5	
	6	
工作步骤及要点	1	检查办公区域电脑是否关机,插座是否关闭
	2	检查办公区域空调、新风系统是否关闭
	3	检查监视大厅、会商室,触控桌屏幕是否关闭
	4	检查监视大厅、会商室桌椅是否摆放整齐,话筒是否关闭
	5	检查动环系统是否正常运行

示意图

续表

单位/部门	标准书编号	工序名称	适用类型	作业时间	制定日期	批准	审核	校对	编制
		日常安全检查	日常工作						

工作步骤及要点		
6	检查火灾报警系统是否正常运行	
7	检查窗户是否全部关好	
8	检查所有区域灯具是否关闭	
9	做好日常安全检查记录	
10		
11		
12		

管理项目	管理及检查项目	检查方法	现状
1	日常安全检查	目测1次/天	
2	消除不安全因素		
3			
4			
5			
6			

设备及工器具	编码	器具	维修记录	原因	备注
1					
2					
3					
4					

注意事项	
1	进入作业现场,正确穿戴安全帽、全棉长袖工作服等
2	发生违章行为时,及时终止作业,并向上级汇报
3	
4	
5	

3.2 安全设备使用
3.2.1 验电器

附表 3-2-1 验电器

单位/部门		标准书编号		工序名称	验电器使用	适用类型		作业时间		制定日期		批准		审核		校对		编制	
工作内容	1			检查验电器工作电压并进行自行试验						示意图									
	2			验电器及绝缘杆外观检查															
	3			使用验电器进行验电															
	4			验电器的存放															
	5																		
	6																		
工作步骤及要点	1			检查验电器工作电压与被测设备是否相符															
	2			检查验电器是否超过有效试验期															
	3			检查验电器及绝缘杆外观是否良好															
	4			进行验电器自检试验															
	5			将验电器与绝缘杆连接															

续表

单位/部门	标准书编号	工序名称	适用类型	作业时间	制定日期	批准	审核	校对	编制
		验电器使用							

		工作步骤及要点	
6	将验电器缓慢向被测处接近进行验电		
7	观察验电器声、光指示判断设备有无电压		
8	将验电器与绝缘杆分离,清理现场		
9	工作完毕后将验电器存放在温湿度合适的室内		
10			
11			
12			

	注意事项	
1	不得在雷、雨、雪等恶劣天气时使用	
2	发生异常情况,请与运行人员联系	
3		
4		
5		
6		

	管理及检查项目	检查方法	备注
1	验电器外观检查	目测 1 次/月	
2	绝缘杆外观检查	目测 1 次/月	
3	验电器自检	试验 1 次/班	
4			
5			
6			

编码	器具	维修记录	现状	原因
1	验电器			
2	绝缘杆			
3	绝缘手套			
4	安全帽			
5	绝缘靴			

设备及工器具

3.2.2 放电杆

附表 3-2-2 放电杆使用

单位/部门		标准书编号		工序名称	适用类型	作业时间	制定日期	批准	审核	校对	编制
				放电杆使用							
工作内容	1			检查电气设备是否停电		示意图					
	2			对电气设备进行验电							
	3			检查放电杆							
	4			进行放电操作							
	5										
	6										
工作步骤及要点	1			断开设备电源							
	2			对设备进行验电							
	3			装设放电线							
	4			用放电杆进行放电操作							
	5			工作结束后,将放点杆存放在环境干燥的专用场所							

续表

单位/部门	标准书编号	工序名称	适用类型	作业时间	制定日期	批准	审核	校对	编制
		放电杆使用							

	工作步骤及要点		注意事项	
6		1	必须在验电操作后，确认设备停电后才可使用放电杆
7		2	必须接好放电线后方可放电
8		3	发生异常情况，请与运行人员联系
9		4	
10		5	
11		6	
12			

管理项目	编码	检查及检查项目	检查方法	备注
	1	放电杆外观检查	目测1次/月	
	2	放电杆耐压试验	试验1年/次	
	3			
	4			
	5			
	6			

设备及工器具	编码	器具	维修记录		
			编码	原因	现状
	1	验电器			
	2	放电杆			
	3	绝缘手套			
	4				
	5				

3.2.3 安全带、个人二防

附表 3-2-3 安全带

单位/部门				制定日期		批准		审核		校对		编制	
标准书编号			工序名称		适用类型		作业时间						
			安全带、个人二防使用		高处作业								
工作内容	1	穿戴安全带、个人二防											
	2												
	3												
	4												
	5												
	6												
工作步骤及要点	1	检查安全带、个人二防及缓冲器合格证，检验等标识，确保清晰完整											示意图
	2	检查腰带、肩带、腿带、腰绳、个人二防等带体，确保完整无缺夹、无伤残破损，无灼伤、脆裂及霉变												
	3	检查金属配件，确保表面光洁，无裂纹，无严重锈蚀和目测可见的变形、配件边缘应呈圆弧形。金属环类零件不允许使用焊接不应留有开口												
	4	检查金属挂钩等连接器，确保所有保险装置，应在两个及以上明确的动作下才能打开，且操作灵活。钩体和钩舌的咬口必须完整，严者不得偏斜												
	5	检查个人二防缓冲器所有部件，确保表面平滑，无尖角或锋利边缘陷。无破损和开裂，无材料和制造缺陷												

续表

单位/部门	标准书编号	工序名称	适用类型	作业时间	制定日期	批准	审核	校对	编制
		安全带、个人二防使用	高处作业						

工作步骤及要点		
6	安全带、个人二防穿戴好后应仔细检查连接扣或调节扣,确保连接牢固	
7	安全带的挂钩或绳子应挂在结实牢固的构件或专为挂安全带用的钢丝绳上,并应采用高挂低用的方式	
8	高处作业人员在转移作业位置时不准失去安全保护	
9		
10		
11		
12		

注意事项		
1	2 m 及以上的高处作业应使用安全带	
2	在没有脚手架或者在没有栏杆的脚手架上工作,高度超过 1.5 m 时,应使用安全带,或采取其他可靠的安全措施	
3		
4		
5		

管理项目	编码	管理及检查项目	检查方法	备注
	1	安全带、个人二防外观检查	目测 1次/班	
	2	安全带静负荷试验	试验 1次/年	
	3	缓冲器静负荷试验	试验 1次/年	
	4			
	5			
	6			

设备及工器具	编码	器具	现状	原因	维修记录
	1				
	2				
	3				
	4				

2.3.4 心肺复苏紧急救护法

附表 3-2-4 心肺复苏急救护法

单位/部门				标准书编号		工序名称		适用类型		作业空间	制定日期		批准	审核	校对	编制
						心肺复苏紧急救护法										
工作内容	1			人工呼吸							示意图					
	2			胸外按压												
	3			心脏复苏												
	4			判断意识												
	5			呼救												
	6															
工作步骤及要点	1			判断意识												
	2			呼救												
	3			救护体位（脸朝上放在坚硬的平面上）													
	4			打开气道（抠出口鼻内异物，使头后仰，打开呼吸道）													
	5			人工呼吸（确认无呼吸）													

续表

单位/部门	标准书编号	工序名称	适用类型	作业时间	制定日期	批准	审核	校对	编制
		心肺复苏紧急救护法							

		工作步骤及要点	管理及检查项目		检查方法	备注
6	胸外心脏按压(同时交替进行人工呼吸。按压与人工呼吸的比例关系通常是30:2,按压深度4~5 cm)		组织培训	1	检查记录1次/年	
7				2		
8				3		
9				4		
10				5		
11				6		
12				7		

	注意事项	设备及工器具	编码	维修记录	原因	现状
1	伤员应仰卧于硬地上,通风良好	器具 防毒面具	1			
2	疏散人群,请人拨打120		2			
3			3			
4			4			
5			5			
6						

参考资料

1.《TWI 企业现场管理技能训练教程》

2.《TWI 工作指导(JI)训练指导员手册》

3.《冀北配电网调度规程 2016》

4.《配电网运维规程》

5.《配电网检修规程》

6.《配电网技术丛书 配电网标准化抢修》国网浙江省电力公司培训中心 2016 年版

7.《配电网与调度安全标准化作业 SSOP》樊运晓、余红梅、王晓红、葛长成 2010 年版

8.《电网企业一线员工作业一本通 配电网运维》国网浙江省电力公司 2016 年版

9.《调度运行专业标准化作业指导书》陕西省地方电力(集团)有限公司

10.《城市配电网标准化作业指导书》2010 年版

11. TWI 一线主管技能培训

12.《TWI 实训指导手册》国网冀北电力公司检修分公司

13. Q/GDW 11725—2017《储能系统接入配电网设计内容深度规定》

14. Q/GDW 11626—2016《配电网抢修指挥故障研判技术导则》

15.《绝缘杆作业法带电装、拆 10kV 线路故障指示器作业培训教材》

16.《配电线路带电作业实训教程》

17.《配电网技术标准设备选用分册》2010 年版

18.《供电企业生产班组作业风险辨识和控制图册 配电运行》

19.《国家电网公司电力安全工作规程》

20.《配电网调度运行技术问答》李颖毅

21.《县级供电企业配电网抢修指挥管理手册》陈安伟

22.《一线主管技能培训 TWI—JI 教材（日产训授权）》

23.《TWI-JR TTT 工作关系 训练指导员手册》

24.《精益思想》（美）沃麦克（Womack，J. P.），（英）琼斯（Jones，D. T.）

25.《源自丰田一线的实践》杨凯

附　　录

附录1　实训师 TWI 技能
——工作关系 JR 技能和工作安全技能 JS 技能

一、一线管理者的工作关系 JR(Job Relation)

(一)工作关系及类型

使一线管理者平时与员工建立良好人际关系,员工发生人际或心理上的问题时,能冷静地分析,合情合理地解决。

工作关系的类型指的是出现问题时的类型,主要分为:

预想到的类型,目前没有出现问题,但是根据过去的经验,如果置之不理的话很快就会出现问题;

感觉到的类型,通过观察员工,发现员工的日常工作、生活或行为习惯发生了不适宜的改变;

找上门的类型,在一线管理者还没有发现问题的时候,员工已经在诉说苦衷、提出要求或做出报告;

跳进去的类型,当发现员工经常性的工作失误或操作违纪,事情已经发展到不得不解决的程度。

这四种类型的工作关系问题,归根结底是因为一线管理者问题意识的不同而产生的差异,一线管理者没有意识到问题、未认识到问题的本质、忽视潜在问题,都会对工作关系产生极大的影响。

(二)工作关系问题的处理

最常用也是最有效的处理方法是四阶段处理法。

阶段　:掌握事实

处理问题时,唯一能够作为判断基础的就是事实,全面、准确地掌握事实,需要从四个方面入手:①调查了解迄今为止的全部事情经过;②有哪些规则与惯例;③与有关人员进行交谈;④了解相关人员的想法与心情。

简言之,其要诀就是要掌握全部的事实经过。值得特别注意的是必须充分掌握事实，人的判断无法超于事实。

阶段二：慎思决定

这是作出判断的阶段，因此要格外谨慎，需要把握以下五个要点：①整理全部事实情况；②分析事实的相互关系；③考虑可能采取的措施；④确认有关规定与方针；⑤明确其对目的、一线管理者本人、职场其他人、工作会产生何种影响。

这个阶段的判断尤为重要，切记不可急于下结论。该阶段要每一条措施分别给予确认是否是事实，同时要考虑这一措施是否违反公司规定方针，能不能实施，对能实施的措施进行评估后再决定要不要实施。

阶段三：采取措施

该阶段是将决定的措施付诸实践的阶段，同样要掌握五个关键点：①是否应由自己来完成；②需要哪些人的协助；③是否要向上级报告；④似注意采取措施的时机；⑤不要推卸责任。

采取措施需要全面衡量责任、能力、权限和时机。

阶段四：效果确认

实施措施之后，还需要进一步跟踪措施实施的效果，了解采取了措施之后有了怎样的效果或正在形成的结果如何。这一阶段需要注意以下三点：①何时确认结果；②需要确认几次；③效果、工作态度、相互关系是否得到了改善。

此阶段的重要判断依据是所采取的措施对工作是否有利、目的是否实现，确认结果并对结果进行评估，最后反省目的如果没有达到或效果不佳，应回到第一阶段追加事实。

（三）改善人际关系的基本要诀

一是告知工作情形：清晰明确告知员工工作情形，并阐述自己希望员工如何去做这项工作，指导员工将工作做得更好，不要无理指责。

二是赞赏表现优异者：对于表现优异的员工可用口头表扬、公告学习等任何恰当的形式进行赞赏，正向的激励可以带来人际关系的改进。赞赏的同时要遵循两个原则，一个是关注员工的微小表现和感人瞬间，细节更容易打动人，另一个是要把握打铁趁热的原则，及时进行赞赏。

三是切身利益的变更事先通知：站在员工的角度考虑，切实关心员工，当要发生与员工利益相关的事件时，提前与其沟通，让其有心理准备，赢得理解与支持。

四是发挥其能、激励其志：要善于发现员工的价值，创造能够让员工找到自身蕴藏的能力的机会,帮助其成长,而不能阻碍员工发展。

二、工作安全技能 JS(Job Safety)

(一)工作安全的含义与意义

使一线管理者学习如何使类似灾害事故绝不再犯的对策和方法。重中之重是要让一线管理者树立安全是在事故发生前思考对策加以处理,而不是发生后进行处理的意识。

(二)一线管理者的安全责任与工作要求

1. 安全责任

安全不单单指工作安全,更包括了在现场有可能发生的任务事故或安全隐患,因此一线管理者的安全责任重大,任何有可能导致事故发生的琐碎事件都值得注意,一般包括:保证工作按照安全的作业程序进行、指导作业员进行安全作业、谋求环境与设备的安全、提高作业员的安全意识、制定灾害事故发生的适当处理措施、探讨事故发生的原因以防再度发生、经常巡视现场消除安全隐患等。

2. 工作要求

一是要做好人与物的安全准备,人的方面:要了解人员的能力程度、身心状态、作业态度方法、保护器具的使用状况、工器具的操作方法以及人际关系的好坏,明确知晓员工哪些事情不懂、哪些工作不会、哪些状态不好。物的方面:要了解材料物资、机械设备、作业方法配置、有害物质、工作环境,知道各项事物存在的条件、放置的位子、使用的方法、解决的措施。

二是要做好安全的宣导与实施,三令五申,一令做不好,命令者承担责任,二令做不好,带头者承担责任,三令做不好,全体承担责任,严格落实责任到人,确保令必行、禁必止。

三是要以端正的态度面对事故及灾害的发生,事故发生后首先要做的是正确把握异常事态,了解事故,并采取紧急措施进行控制,判断是否需要报告上级,如果是需要报告的状况,要及时联系相关人员,秉着对事故负责的原则如实上报,上级接受后服从上级安排,全力协助现场工作。

(三)工作安全四阶段法

1. 思考可能导致事故发生的要因

观察现状,调查记录

询问

探求物与人

对照工作标准

经常保持安全意识

预见事故的潜在性畏惧

更深层次的探求

2. 慎思确定对策

整理原因

思考要因相互之间的关系

请教熟悉的人

思考几个应对策略

确认方针、规定、制度标准

决定次佳对策(备选方案)

思考有无自身的因素

3. 实施对策

是否可以自己做

是否要向上级报告

是否需要寻求他人的帮助

需要立即付诸行动

4. 检讨结果

常常检查

是否确实实行

要因是否已经去除

有没有新的要因产生

附录2　实训师基础技能

一、基础知识

(一)实训基础知识

实训是一种特殊的教学形式。作为实训师,在进行实训教学之前,应该具备四项基础知识：

(1)了解培训教学基本原理，熟悉培训教学的基本环节；

(2)理解成人学习心理特点，掌握成人培训教学的基本原则和方法；

(3)掌握调试培训师紧张心态的简单方法；

(4)了解培训师的角色定位和素质要求。

1．教学基本原理

教学是教与学的交往、互动，师生双方相互交流、相互沟通、互相启发、互相补充，在这个过程中实训师与学员分享彼此的思考、经验和知识，交流彼此的情感、体验与观念，丰富教学内容，求得新的发现，从而达到共识、共享、共进，实现教学相长和共同发展。

(1)教学的基本任务

从学员发展的角度分析，教学的基本任务是：使学员掌握系统的文化科学基础知识、基本事实、基本原理，掌握学习的基本方法，形成基本技能和技巧；以学员的发展为本，注重在教学过程中学员的个性养成、潜能开发、能力培养、智力发展和创新精神的生成；注重情感、态度、价值观的形成。

(2)教学基本原则

教学原则是教师和学员在教学工作中自觉地遵循教学规律，为完成教学任务所必须遵循的行为要求和准则。主要包括：①科学性和思想性统一的原则；②理论联系实际原则；③直观性原则；④启发性原则；⑤循序渐进原则；⑥巩固性原则；⑦因材施教原则；⑧发展性原则。

以上各个教学原则从不同角度对教学活动提出了基本要求。虽然它们所反映和需要解决的矛盾各有侧重，但不是孤立的，而是密切联系、相辅相成、相互补充的一个完整体系。实训师在培训教学过程中，要根据培训内容和学员特点综合运用这些教学原理和教学原则，使之互相配合、互相促进，协同发挥作用。

2．成人教育心理

成人教育学是对成人学习的研究，20世纪50年代起源于欧洲。作为一种成人学习理论和模式，成人教育学从20世纪70年代起由美国在成人教育方面的实践家和理论学家Malcolm Knowles开创。Knowles将成人教育学定义为

"帮助成人学习的艺术和科学"。成人教育者是主动的思考者,或"现实的理论家"。

(1) 成人学习的心理特点

成人的学习是一种基于反思的体验,学习是在探索和解决工作、生活难题的同时获得新的知识,掌握相关技能,转变思想观念的过程。其结果是人的能力和素质的提高,是人的全面发展。成人学习是在复杂的生活经历中进行的,有自我感念和学习的愿望,因而能自我发展,而且,也有以解决问题为主的时间观念。概括来说,成人学习心理呈现出以下特点:

①成人有内在动机和自主管理能力,成人感觉有现实或迫切的需要就去学习,有强烈的自我指导式学习的心理愿望。

②成人将生活经验和知识融入学习体验中,喜欢将新知识和经验作比较,并将它们应用到新的学习体验中去。

③成人有明确的学习目标,成人学习目的明确、主动性强,带着对课程具体的学习目标和个人成长的愿望而来。

④成人注重事物的关联性,成人学习者想要了解他们正在学的和他们想要实现的学习目标之间的联系,也想了解为什么他们要学习。

⑤成人注重效率和实用性,成人对学习内容的实用性和结果尤为关注,希望在有限的时间里掌握可运用到实践中的有用知识,注重实效。

⑥成人学习者期望受到尊重,在实训过程中,成人学习者与实训师之间是一种合作的关系,他们需要一个安全的、被接纳的、具有支持力的学习环境。

⑦记忆能力减弱而思维能力增强。成人注意力持续时间短、遗忘速度快。

研究发现成人在 45 分钟课堂学习中注意力的变化规律,从第 5 分钟到第 15 分钟注意力快速提高,第 15 分钟至第 20 分钟注意力快速下降,第 20 分钟到第 40 分钟注意力又缓慢提升,最后 5 分钟注意力又开始下降。

⑧成人有成熟和稳定的个性心理特征,成年人有自己形成体系的价值观和看法,不会轻易相信某个人的"高见",对老师提出的问题总会在心里问"为什么"。

(2) 成人学员的四种类型

学员在学习过程中,由于各自的性格特征不同,表现出不同的学习类型,如附表 2-1 所示。因而培训中要关注到不同学员的学习特点,采用适当的教学方法。

附表 2-1　成人学员的类型

类型	性格特征
活动性	喜欢在行动中学习
反思型	喜欢倾听和观察，收集数据，在得出结论前仔细思考
理论型	喜欢从逻辑框架和解释模块的解读分析问题
应用型	喜欢试验新想法，观察在实践中的应用，不喜欢无休止分析和反思

3.成人培训原则与方法

联合国教科文组织指出，培训是为达到某一种或某一类特定工作或任务所需要的熟练程度，而计划传授所需的有关知识、技能和态度的训练。这种训练通常是短期的、以掌握某种或某些专门的知识和技巧为目的的。

针对成人学习特点，培训教学呈现的五大原则包括：

原则一，关注学习而不是维持秩序——尊重学员，相信自律；

原则二，经验引导而不是课堂说教——结合经验，引导学习；

原则三，课堂消化而不是满堂灌——及时反馈，注意强化；

原则四，兴趣引导而不是师道威严——多种方法，魅力互动；

原则五，技能提升而不是理论堆砌——注重实效，提升自我。

（二）紧张心态的应对能力

培训前及培训过程中紧张是实训师正常心理和生理表现。在上课前，一般实训师都会有不同程度的紧张感。适度的紧张和兴奋，会使实训师更加投入，表现得更好，但是过度紧张就会导致负面心理重，继而影响正常发挥。

1.紧张来源及相应的应对措施

（1）准备不充分、内容记不住、所讲内容不擅长。应对措施：提升专业素养，充实课程相关知识内容。

（2）课程信息量不足。应对措施：将内容精细化，以序列的理性形式对内容步骤化，能瞬间提炼无数个课程新内容知识点；对于可以操作演练、放大的重要内容，进行实训、讨论、竞赛等互动。解决内容不足的问题，能实实在在提升课程实战性、理论性，从而提高上课质量。

（3）学员对课程期望值太高。应对措施：培训师应该根据课前调研，了解学员的情况和需求,以此为依据,有针对性地充分准备课程内容。在精心准备课程内容的基础上,课程开篇指明培训目标和预期达到的培训效果,适度降低学员培训的期望值,也可以减轻自己的压力,并有可能达到更好的培训效果。

(4)学员级别太高,培训师背景级别较低。应对措施:建立信心,想想是否真是能力不够给比级别高的人讲课,想想课程内容对学员有没有实际帮助。

(5)信息量大,课程时间少。应对措施:培训师对任何课程都应该有能讲两天的内容量,而对这两天的内容,必须会灵活调整。

(6)开场破冰技巧准备不足。应对措施:①自我介绍开场,突出权威性;②提问开场,将压力转移到学员身上;③用失败案例开场,引起学员兴趣;④热闹开场,带领学员互动;⑤重要内容开场,先声夺人。

2.用积极的心态缓解紧张情绪

克服紧张,根本在于拥有积极的心态,要相信自己和期望自己可以做好,而且赋予积极的心理暗示。

首先,要建立信心,相信自己、相信学员。

其次,学会应对紧张的具体方法。主要包括心理暗示法、情景假设法、身体活动法、环境掩饰法等。

二、基本技能

(一)普通话

普通话是实训师的职业语言,作为培训教学语言应用于培训教学工作之中,其自身在语言、词汇、语法等方面都具有各地方言所不可替代的效用。实训师在教学过程中使用普通话,方便学员接受和理解知识,有助于提升培训质量。

在教学过程中,说好普通话是有一定技巧的,包括树立能够说好普通话的信心、尽量降低说话的速度、看电视广播时注意主持人的发音、多看字典注意多音字、坚持用普通话进行日常交流等。

总之,学习普通话,只记一些概念、规则是没有多大用处的,重要的是在理解知识、掌握方法的基础上,全面地进行听、说、读、记的训练,养成勤于动脑记、动口说、动耳听、动手查的良好学习习惯,切实地提高自己的口语表达能力,练就一口标准、流利、令人羡慕的普通话。

(二)语言表达

实训师的语言有其特殊的要求,它既不同于平时所说的"能说会道",也不同于演员、播音员、文学家的语言艺术。它既要准确明白,又要富有启发性;既要声音洪亮,又要跌宕起伏;既要生动幽默,又要不失严肃谨慎。可以说培训师的语言是语言家的用词准确、数学家的逻辑严谨、演说家的论证雄辩、艺术家的丰富情感的集成。

1. 语言表达的四个原则和五项注意

四个原则指的是清楚、易懂、吸引力、抑扬顿挫。

原则一:清楚。首先要自己清楚,其次还要让对方清楚。

原则二:易懂。培训师语言逻辑混乱或离题万里,会导致学员不明白培训师的真正意图。培训师大量引用专业术语时,学员会很辛苦。衡量培训效果的标准不是培训师讲清楚,而是学员听懂了。

原则三:吸引力。优秀的培训师总是花大量的时间和精力精心准备自己的文字内容。看到培训师"即兴演讲"很精彩,以为是天生的,其实他在背后默默付出了很多的努力。

原则四:抑扬顿挫。人在一种单调的声音刺激下,大脑皮层会很快进入抑制状态,而抑扬顿挫、具有节奏感和艺术性的教学语言能有效地打破大脑的抑制状态。所以,实训师必须加强语言调控,讲究对语言的巧妙编排与合理运用。

五项注意是指注意专业术语、注意语态运用、注意修饰词作用、注意口语和口头禅、注意渲染的层度。

注意一:注意专业术语。如果不用专业术语,好像体现不了实训师的专业性;如果用太多专业术语,又可能导致学员听不懂,变成了实训师在演独角戏,至会被认为是在"显摆"。因此,要注意"用学员能够明白的方式讲专业术语"。

注意二:注意语态运用。语言表达中主动语态和被动语态的说服力不一样。实训师在语言表达的时候,要分清楚具体情况。通常情况下,培训的时候要用主动语态,显得更有力度。但有时也要用被动语态,比如发生消极事情的时候,可以用被动语态,其目的是为主语减轻责任。

注意三:注意修饰词作用。修饰语在语言表达中有独特的作用,合理地运用修饰语能够提升说话的力量。但要注意三个细节,少用夸张的词语、慎用定性的词语、多用定量的词语、防止复数词的误用。

注意四:注意口语和口头禅。口语在语言表达中有重要作用。培训中适度的口语可以拉近与学员的距离、亲切自然。但过多使用口语,会显得不规范,专业性不足,像聊天不像讲课。而常说口头禅会降低语言的感染力,使学员觉得疲乏。

注意五:注意渲染的层度。培训中,为了吸引学员,需要对内容做些渲染,以增强内容的感染力。但渲染不是为了把事情搞复杂。培训师在台上不要高估学员的耐心,学员更希望直接看到结果。因此渲染不要过度。

2. 提升语言表达能力的方法

(1)化繁为简。一是减少修饰语及文字,二是注意断句,将一句冗长的话分开表达,每句话停顿一下,便于学员掌握。

(2)借助雄辩的力量。包括借助权威人士的话、借助经典、引用领导的话、引用管理学原理以及借助典型案例等多种方式。

(3)借助修辞手法的力量。常用的修辞手法包括比喻和比拟、对比和比较排比等。

(4)数字解析。培训中用数据说话,可以有很好的说服效果。如广告词"一晚只用1度电",就把节能这一主题形象地表示出来了。

(5)创新。创新的语言具有新意和时尚感,与时俱进、贴近生活。

(6)适度使用流行语。如春节晚会流行词、网络流行语和微博常用语等,可以唤起学员共鸣,更容易打动学员,尤其是年轻学员。

(三)沟通与协调

1. 培训中的沟通

沟通是为了一个设定的目标,把信息、思想和情感在群体间传递,并且达成共同协议的过程。沟通有三大要素,有一个明确的目标,达成共同的协议,沟通信息、思想和情感。

培训过程中主要按沟通方法划分为口头沟通、书面沟通、非言语沟通和电子信息沟通四大类。

2. 与学员有效沟通的艺术

(1)听比说重要

学会从讲话者的角度去看待问题;用自己的理性和感性去倾听;不带有任何判断地接受讲话者述说的内容和感觉。

①掌控自己的主观臆断——聆听的头号障碍就是臆断、假设,不要过早地作出结论或判断。

②以反应知会——以适当的反应让对方知道,我们正在专注地听。具体包括目光接触、肢体语言等反应方式。

③询问互动——双方有问有答。交流互动的方法,适时向说话者提出一个该问的问题。

④情绪控制——练习控制好情绪。不要情绪反应过度(如打岔、反驳),静心听完全部内容。建立平和的心态,倾听中只针对信息而不是传递信息的人。诚实面对、承认自己的偏见,并能够容忍对方的偏见。

⑤察觉非语言的信息——要察言观色。听话的同时要注意对方的身体语言、姿势、表情。用耐心、专心、用心、欢喜心,做一位好听众。

(2)能言善道

"说"是培训师最主要的培训沟通手段,主要通过"讲""问""答"三方面进行。

①会讲。"讲"侧重语言表达,培训师需要把培训主题通过丰富生动的语言讲述出来。一是要把观点讲清楚、理由讲明白;二是要有 STAR(Situation 情景,Task 任务,Action 行动,Result 结果),即完整的事件背景。三是要忌讲话带刺。注意自己的措辞,多使用事实陈述。少用情绪性的字眼批评别人或拒绝别人的好意。

②会问。"问"贯穿培训全过程。高质量的提问可以提高思想深度、转换看问题的角度、挑战思想背后的假设、得到其他可能的做法。一是运用封闭式、判断式的提问对学员加以引导;二是运用开放式的提问洞悉学员性格,鼓励学员作答。

③会答。"答",指的是与学员对答。一是要会对学员回答的错误进行处理,常用方式包括直接提问指出错误、变换角度提示错误、先认同再扩展正确答案、其他同学帮助解答等;二是要学会回应带有情绪的讲话者,具体方法主要是先处理情绪再处理事情、冷静地避免自辩式反应、换位式倾听建立信任,发表建议、判断或批评不会为培训师赢得继续谈话的权利。

3.针对不同学员的不同沟通方式

学员性格不同,课堂上表现各异。在培训过程中,培训师要注意观察,适时适当沟通,使每位学员在宽松和谐的环境中积极投入学习。沟通应对方法如附表 2-2 所示。

附表 2-2　沟通应对方法

情景	学员表现	沟通应对	沟通禁忌
一言不发	性格内向	给予鼓励,增加自信心的开放式提问	直接否定
	心思重、有情绪	赞美、疏导、用开放提问	过分指责
滔滔不绝	表现欲强	认可但要适时打断,用封闭式提问	粗暴打断
私下讲话	左顾右盼	眼神、语调、肢体动作、走过去提问等	点名批评
争论不休	好表现	对问题给予肯定	直接打断
离题万里	思想活跃	肯定并给予指导	否定
自以为是	骄傲	"抬""压"结合	正面冲突

(四)多媒体课件制作

常用的多媒体课件,主要包括 PowerPoint(即 PPT)、Flash 和 Authorware 三种。其中,PPT 是最为主要的课件制作形式。

1. PowerPoint

PowerPoint 是微软公司出品的制作演示文稿的软件,是 Office 套装组件之一。由于其界面友好、编辑多媒体的功能强大及简单易学等特点,成为应用最广泛的多媒体课件设计制作工具。

其主要特点有:①强大的制作功能。PPT 拥有类似 Word 的文字编辑功能,段落格式丰富,可根据需要生成多种文件格式,绘图及色彩处理工具齐全,提供多种幻灯版面布局、主题及模板选择。②通用性强,易学易用。作为微软公司的产品,PPT 从界面到使用方法与 Word 和 Excel 一脉相承,很容易上手,这也是其用户众多的原因。③强大的多媒体展示功能。PPT 通过插入功能可以将文本、图形、图表、图片或音视频进行灵活组合,利用自定义动画功能可以控制演示顺序,并具有较好的交互功能和演示效果,能满足课堂教学演示的一般需求。④一定的程序设计功能。PPT 提供了 VBA 功能,可以融合 VB 进行开发,实现课件中的交互功能。

2. Flash

Flash 是由 Macromedia 公司推出的交互式矢量图和 Web 动画的标准,也是优秀的多媒体集成开发软件(由 Adobe 公司收购)。它是以时间轴为基准的编辑工具,利用库组织管理内容,用帧控制内容的播放顺序。Flash 发布的文件非常适合在网络上传输,因此在网络中得到了广泛的使用。Flash 强大的交互功能与 PowerPoint 结合,可以高效地开发课件。相对 PowerPoint,用 Flash 进行课件制作比较烦琐。

3. Authorware

Authorware 是基于图标(Icon)和流线(Line)的多媒体创作工具。Authorware 利用图标管理内容,利用流程线控制内容呈现的顺序,开发时程序模块结构清晰、简捷,采用鼠标拖曳就可以轻松地组织和管理各模块,并对模块之间的调用关系和逻辑结构进行设计。不足之处在于动画制作困难。

三、实训师职业素养

(一)实训师职业道德

作为一名优秀的企业兼职培训师,既要遵守公司员工职业道德规范,同时还要履行培训师的职业道德规范。职业道德规范是培训师实施培训行为的准则。概括地讲,履行培训师职业道德规范的基本原则就是要努力做到:爱岗敬业,恪尽职守;遵纪守法,为人师表;勤于钻研,精益求精;以人为本,开拓创新;提高素质,促进发展。

1. 爱岗敬业,恪尽职守

爱岗敬业作为基本的职业道德规范,是对培训师的根本要求。爱岗就是热爱工作岗位,热爱本职工作。敬业就是用一种恭敬、严肃的态度和认真负责的精神对待本职工作。做好职业培训工作有诸多因素和条件,而爱岗敬业则是这诸多因素和条件中必不可少的重要前提条件。

爱岗敬业、恪尽职守主要表现在三个维度,一是热爱本职、兢兢业业,二是勤奋敬业、任劳任怨,三是增强事业心和责任感。

2. 遵纪守法,为人师表

随着时代的发展,社会的进步,法纪的作用显得越来越重要。遵纪守法越来越成为人们工作、生活中所必不可缺的道德规范。培训师应该自觉遵守法律,自觉维护纪律,处理好权利和义务的关系,增强法律意识,为人师表。

遵纪守法、为人师表需要学习法律知识、增强法制观念,严格要求自己、增强法律意识。只有以身作则、遵纪守法、为人师表,才能努力做好职业培训工作,使培训事业沿着正确、健康的轨道前进。

3. 勤于钻研,精益求精

勤于钻研,精益求精是培训师职业道德的一个重要方面。在学习和工作上,只有勤于钻研,精益求精,才能有所进步,不断创新。

精益求精,就是要求培训师不断积累专业知识、教学经验、管理经验,不故步自封,认真钻研,不断进取,把业务工作做得越来越好,好上加好。积极进取,是一种对工作、对事情永不满足的精神和坚持不懈的追求。

4. 以人为本,开拓创新

现代企业的竞争,是人才的竞争。人才是未来经济竞争的制高点,是新一轮企业竞争的焦点。"重视人、尊重人"是以人为本理念的核心,它在公司生产发展中占据首要地位。企业要发展,必须提高员工的素质,作为人力资源开发重要手段的培训则必须创新。

5. 提高素质,促进发展

当今世界,科学技术突飞猛进,知识经济发展迅速,对人才需求十分迫切。加强职业培训,提高培训质量,已成为人们的共识。

培训质量是培训赖以生存发展的关键,是为公司培养和输送合格人才的重要保障。培训质量的高低受多种因素影响,如师资、培训设施、管理制度等,而培训师的素质在一定程度上决定和影响着培训质量。因此,培训师在工作中只有终身努力学习,不断提高自身素质,才能为促进职业培训事业健康发展作出贡献。

(二)修养与风范

1. 提升实训师的职业素养

上山看体力、下山看素养。如果培训师就是攀登者,那么,职业素养就是安身立命的"护身符"。无论主讲什么课程的培训师,从站在讲台上的那一刻开始,职业素养就保护着培训师的职业生命不断前行。

(1)师德:尊崇真知,乐业度人

职业操守是培训师实施培训行为的准则。培训关乎员工的职业生命、事业生命、精神生命,是大事。只要是关乎"生命"的事情,首先就要讲道德,培训师遵纪守法还不够,法律只是底线。培训师首先要讲师德,正如医生要讲医德一样。

(2)师艺:技能娴熟,造诣精专

"工欲善其事,必先利其器。"培训师的技艺之"器"不利就去教别人,会误人子弟。

(3)师威:自尊自律,严格要求

培训师的威信、威严,是从自我约束中树立起来的,只有先管好自己,才能严格要求学员。

培训师对学员的爱,是严格得近乎折磨的爱。大爱不是小恩小惠,而是大恩大惠。小恩小惠似朝露,大恩大惠似甘露,培训师只有严格要求学员才是真心关爱。

2.塑造实训师的职业风范

良好的职业风范,让人站上讲台就与众不同,培训师的举手投足都会表现出自己的内涵。下面从职业形象和职业礼仪两个方面介绍如何修炼良好的职业风范。

培训师设计自己的专业形象是提高培训师权威或者亲和力,从而提升培训效果的重要手段,培训师的职业形象包括三个方面:

一是仪容形象:眼耳手鼻口整洁,脸发衣帽鞋干净。培训师要仪容仪表整洁、得体、大方、协调,符合公司理念要求;

二是仪态形象:自然、端庄、大方、沉着、稳重。忌:呆板枯燥型;严峻清冷型;活泼过分型。

三是语言形象:温敬恭忍礼发,调速量音情动。声音要清晰悦耳、自然、音量适中、讲普通话。

附录3 TWI技能工具箱

一、5W1H方法

这种方法最初是由丰田佐吉提出的,后来,丰田汽车公司在发展完善其制造方法学的过程之中也采用了这一方法。作为丰田生产系统（Toyota Production System）的入门课程的组成部分，这种方法成为其中问题求解培训的一项关键内容。丰田生产系统的设计师大野耐一曾经将五问法描述为："……丰田科学方法的基础……重复五次，问题的本质及其解决办法随即显而易见。"目前，该方法在丰田之外已经得到了广泛采用，并且现在持续改善法，精益生产法以及六西格玛法之中也得到了采用。

5W1H从三个层面来实施：

(1)为什么会发生？从"制造"的角度。

(2)为什么没有发现？从"检验"的角度。

(3)为什么没有从系统上预防事故？从"体系"或"流程"的角度。

每个层面连续5次或N次的询问，得出最终结论。只有以上三个层面的问题都探寻出来，才能发现根本问题，并寻求解决。

（一）经典案例

丰田汽车公司前副社长大野耐一曾举了一个例子来找出停机的真正原因。

★问题一：为什么机器停了？

答案一：因为机器超载，保险丝烧断了。

★问题二：为什么机器会超载？

答案二：因为轴承的润滑不足。

★问题三：为什么轴承会润滑不足？

答案三：因为润滑泵失灵了。

★问题四：为什么润滑泵会失灵？

答案四：因为它的轮轴耗损了。

★问题五：为什么润滑泵的轮轴会耗损？

答案五：因为杂质跑到里面去了。

经过连续五次不停地问"为什么"，才找到问题的真正原因和解决的方法——在润滑泵上加装滤网。

如果员工没有以这种追根究底的精神来发掘问题，他们很可能只是换根保险丝草草了事，真正的问题还是没有解决。

(二)解决问题步骤

1. 把握现状

★步骤1:识别问题。

在方法的第一步中,你开始了解一个可能大、模糊或复杂的问题。你掌握一些信息,但一定没有掌握详细事实。问:

我知道什么?

★步骤2:澄清问题。

方法中接下来的步骤是澄清问题。为得到更清楚的理解,问:

实际发生了什么?

应该发生什么?

★步骤3:分解问题。

在这一步,如果必要,需要向相关人员调查,将问题分解为小的、独立的元素。

关于这个问题我还知道什么?

还有其他子问题吗?

★步骤4:查找原因要点(PoC)。

现在,焦点集中在查找问题原因的实际要点上。你需要追溯来了解第一手的原因要点。问:

我需要去哪里?

我需要看什么?

谁可能掌握有关问题的信息?

★步骤5:把握问题的倾向。

要把握问题的倾向,问:

谁?

哪个?

什么时间?

多少频次?

多大量?

在问为什么之前,问这些问题是很重要的。

2.原因调查

★步骤6:识别并确认异常现象的直接原因。

如果原因是可见的,验证它。如果原因是不可见的,考虑潜在原因并核实最可能的原因。依据事实确认直接原因。问:

这个问题为什么发生?

我能看见问题的直接原因吗?

如果不能,我怀疑什么是潜在原因呢?

我怎么核实最可能的潜在原因呢?

我怎么确认直接原因?

★步骤7:使用"5个为什么"调查方法来建立一个通向根本原因的原因/效果关系链。问:

处理直接原因会防止再发生吗?

如果不能,我能发现下一级原因吗?

如果不能,我怀疑什么是下一级原因呢?

我怎么才能核实和确认下一级有原因呢?

处理这一级原因会防止再发生吗?

如果不能,继续问"为什么"直到找到根本原因。在必须处理以防止再发生的原因处停止,问:

我已经找到问题的根本原因了吗?

我能通过处理这个原因来防止再发生吗?

这个原因能通过以事实为依据的原因/效果关系链与问题联系起来吗?

这个链通过了"因此"检验了吗?

如果我再问"为什么"会进入另一个问题吗?

确认你已经使用"5个为什么"调查方法来回答这些问题。

为什么我们有了这个问题?

为什么问题会到达顾客处?

为什么我们的系统允许问题发生?

★步骤8:采取明确的措施来处理问题。

使用临时措施来去除异常现象直到根本原因能够被处理掉。问:

临时措施会遏止问题直到永久解决措施能被实施吗?

实施纠正措施来处理根本原因以防止再发生。问：

纠正措施会防止问题发生吗？

跟踪并核实结果。问：

解决方案有效吗？

我如何确认？

（三）使用为什么分析法检查清单

为确认你已经按照问题解决模型操作，当你完成问题解决过程时，使用这个检查清单。

通常情况下，在询问为什么的时候，因为是发散性思维，很难把握询问者的问题和回答者的理由在受控范围内。比如：

这个工件为什么尺寸不合格？因为装夹松动。

为什么装夹松动？因为操作工没装好。

为什么操作工没装好？因为操作工技能不足。

为什么技能不足？因为人事没有考评。

类似这样的情况，在5W1H分析中，经常发现。

所以，我们在利用5W1H进行根本原因分析时，一定要把握好一些基本原则：

（1）回答的理由是受控的；

（2）询问和回答是在限定的一定的流程范围内；

（3）从回答的结果中，我们能够找到行动的方向。

二、精益生产十大工具

（一）价值流分析（VSM）

精益生产始终围绕着价值这个核心，关于价值有两个层面：

（1）客户需要支付的价值；

（2）客户愿意多付的价值（增值）。

精益生产的价值更趋向于第（2）个层面。价值流分析就是通过价值的两个层面对产品生产流程中的要素进行界定，首先去除浪费（客户不支付的），进而缩减客户不愿意多付的要素，从而实现设备和员工有效时间的最大化和价值最大化。

（二）标准化作业（SOP）

标准化是生产高效率和高质量的最有效管理工具。生产流程经过价值流分析后，根据科学的工艺流程和操作程序形成文本化标准，标准不仅是产品质量判定的依据，也是培养员工规范操作的依据。这些标准包括现场目视化标准、设备管理标准、产品生产标准及产品质量标准。精益生产要求的是"一切都要标准化"。

（三）5S 与目视化管理

5S（整理 Seiri、整顿 Seiton、清扫 Seiso、清洁 Seiketsu、素养 Shitsuke）是现场目视化管理的有效工具，同时也是员工素养提升的有效工具。5S 成功的关键是标准化，通过细化的现场标准和明晰的责任，让员工首先做到维持现场的整洁，暴露并解决现场和设备的问题，进而逐渐养成规范规矩的职业习惯和良好的职业素养。

（四）全员设备保全（TPM）

全员设备保全是准时化生产的必要条件，目的是通过全员的参与实现设备过程控制和预防。TPM 的推行首先要具备设备的相关标准，如日常维护标准、部件更换标准等，随之就是员工对标准的把握和执行。TPM 推行的目的是事前预防和发现问题，通过细致到位的全面维护确保设备的"零故障"，为均衡生产和准时化生产提供保障。

（五）精益质量管理（LQM）

精益质量管理更关注的是产品的过程质量控制，尤其是对于流程型产品，制品质量不合格和返工会直接导致价值流的停滞和过程积压，因此更需要产品过程质量的控制标准，每个工序都是成品，坚决消除前工序的质量问题后工序弥补的意识。

（六）TOC 技术与均衡化生产

均衡化生产是准时化生产（JIT）的前提，也是消除过程积压和价值流停滞的有效工具。对离散型产品而言，TOC（瓶颈管理）技术是实现均衡化生产的最有效技术，TOC 的核心就是识别生产流程的瓶颈并解除，做到工序产能匹配，提升整个流程的产能，瓶颈工序决定了整个流程的产能，系统中的要素不断变化，流程中的瓶颈也永远存在，需要持续改善。

（七）拉动式计划（PULL）

拉动是精益生产的核心理念，拉动式计划（PULL）就是生产计划只下达到最终（成品）工序，后工序通过展示板的形式给前工序下达指令拉动前工序，后工序就是客户，这样就避免了统一指挥因信息不到位所造成的混乱，同时也实现了各工序的自我管理，生产流程中物流管理也是通过拉动式计划实现。拉动的理念同样也适用于管理工作的流程管理。

（八）快速切换（SMED）

快速切换的理论依据是运筹技术和并行工程，目的是通过团队协作最大限度地减少设备停机时间。产品换线和设备调整时，能够最大限度压缩前置时间，快速切换的效果非常明显。

（九）准时化生产（JIT）

准时化生产（JIT）就是在需要的时间、按需要的量、生产客户需要的产品，JIT是精益生产的最终目的，SOP、TPM、LQM、PULL和SMED等是JIT的必要条件，JIT是应对多品种小批量、订单频繁变化、降低库存的最有效工具。

（十）全员革新管理（TIM）

全员革新（TIM）是精益生产的循环和持续改进，通过全员革新不断发现浪费，不断消除浪费，是持续改善的源泉，是全员智慧的发挥，通过改善的实施也满足了员工"自我价值实现"的心理需求，进而更加激发员工的自豪感和积极性。该工具的实施需要相关的考核和激励措施。

三、关联图

关联图又称关系图，是用来分析事物之间"原因与结果""目的与手段"等复杂关系的一种图表，它能够帮助人们从事物之间的逻辑关系中，寻找出解决问题的办法。

事物之间存在着大量的因果关系，如附图3-1所示，因素A、B、C、D、E之间就存在着一定的因果关系，其中因素B受因素A、C、D的影响，但它又影响着E，而因素E又影响着因素C……在这种情况下，理清因素之间的因果关系；从全盘加以考虑，就容易找出解决问题的办法。

附图 3-1

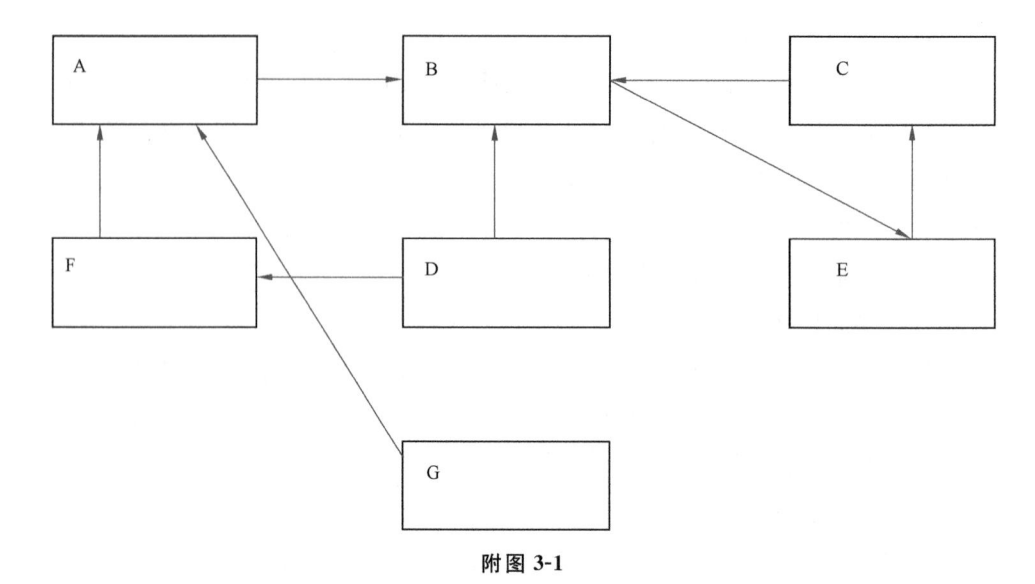

关联图由圆圈（或方框）和箭头组成，其中圆圈中是文字说明部分，箭头由原因指向结果，由手段指向目的。文字说明力求简短、内容确切易于理解，重点项目及要解决的问题要用双线圆圈或双线方框表示。

（一）关联图的绘制

关联图法适用于多因素交织在一起的复杂问题的分析和整理。它将众多的影响因素以一种较简单的图形来表示，易于抓住主要矛盾、找到核心问题，也有益于集思广益，迅速解决问题。

其具体绘制方法如下：

(1) 提出认为与问题有关的所有因素；

(2) 用灵活的语言简明概要地表达它；

(3) 把因素之间的因果关系用箭头符号作出逻辑上的连接；

(4) 抓住全貌；

(5) 找出重点。

关联图法的使用非常简单，它先把存在的问题和因素转化为短文或语言的形式，再用圆圈或方框将它们圈起来，然后再用箭头符号表示其因果关系，借此来进行决策、解决问题。

（二）关联图的用途

关联图法的应用范围十分广泛，它的应用范围主要有：

(1) 推行 TQC 工作、从何处入手、怎样深入；

(2) 制订和实施质量保证的方针、目标；

(3) 研究如何提高产品质量和减少不良品的措施；

(4) 促进质量管理小组活动的深入开展；

(5) 从大量的质量问题中，找出主要问题和重点项目；

(6) 研究满足用户的质量、交货期、价格及减少索赔的要求和措施；

(7) 研究解决如何用工作质量来保证产品质量问题。

（三）降低不良品率

影响产品不良品率的因素很多，这些因素之间存在着大量的因果关系，可以使用关联图法寻找其主要因素，以改善生产过程，降低产品的不良品率。具体步骤如下：

1. 做编组准备

召开小组成立会议，将 4～5 名生产人员组成一个小组，使每个成员都了解要解决什么问题，达到什么目的，怎样应用关联图法去解决问题，等等。

2. 共拟草图

在做好一定准备工作的基础上，召开小组会议，充分发扬民主，广开言路，找出影响产品不良品率各因素间的逻辑关系，并画上箭头，对重点问题要画在双线圆圈或方框内。在找逻辑关系时，要多提出一些为什么，通过互相讨论，广泛议论，共同画出一份或几份草图。会后每个成员都要对会上画出的草图进行深入的分析、研究，对不同的草图提出对比评价，对别人提出的议论要进行深入理解或提出不同的看法，对重点问题要进行现场调查或实测数据。在此基础上组长要进行调查研究，个别交换意见，通过分析后整理出草图，印发给每一个成员，为下一次统一认识做好准备。

3. 制订草图，做出对策计划

再次召开小组会议，对草图提出修改和补充意见，经过共同分析、研究和整理，强调使全组人员取得共同的意见，提出重点问题的要害，共同画出正式关联图；研究实际数据，做出对策计划，会后要采取行动措施。

4. 评价和修订关联图

对关联图所采取的措施，可以多次召开小组成员会议，进行评定和估价。

同时根据变化了的环境,对关联图进行修订。

在使用关联图法时,要注意充分发扬民主,广开言路,集思广益,在统一认识的基础上,画出关联图;关联图中使用的语言和文字要简练、表达要清楚,尽量使用不失原意的文字和语言来表达因素,使关联图准确、简练、一目了然;要不怕麻烦,不断反复地分析、研究和修改,努力寻找真正的重点问题;要重视评价和修正,及时根据外部情况不断地修改关联图。

(四)用于质量管理

关联图法,是指用一系列的箭线来表示影响某一质量问题的各种因素之间的因果关系的连线图。质量管理中运用关联图主要达到以下几个目的:

(1)制定 TQC 活动计划;

(2)制定 QC 小组活动计划;

(3)制定质量管理方针;

(4)制定生产过程的质量保证措施;

(5)制定全过程质量保证措施。

通常,在绘制关联图时,将问题与原因用"○"框起,其中,要达到的目标和重点项目用"○"圈起,箭头表示因果关系,箭头指向结果。

后　　记

感谢您选择了这本书。

《基于 TWI 的配电网专业实训课程设计研究》是专门为培养配电网人才编写的基础管理书籍。本书融合日美 TWI 管理精髓，结合电网公司具体实践，以系统观和实战技巧为特色，阐述了配电网领域的专业实训课程设计推进要点。提出了专业教导者（实训师）、管理人员应该具备的能力、素质以及在配电网管理中应该掌握的管理技能，是配电网生产实际及长期实训实践的经验总结。

仅靠一次实训不能培养一批优秀的配电网管理专工、专家，仅靠一本书也不能加强配电网管理建设和实际生产一线管理，最重要的是寓培养于工作的一点一滴，一时一事。让基础管理、人才培养与配电网业务一起成长，才能平稳渡过高速增长带来的巨变。

千锤成型，百炼成金。留心处处是美景，思考事事皆文章，愿本书对广大配电网新员工、转岗人员等"新手"实现快速成长，具备专业能力，并对从技能型向管理型、由经验型向知识型转变有所帮助，对开创美好的职业生涯有所帮助。

让我们一起享受蜕变的痛苦、奋斗的艰辛和成长的快乐！

本书在编写、出版过程中，一直得到智能配电网中心领导及全体员工的大力支持，在此致以衷心的感谢。